史前生物你吃啥

恐龙时代的美食盛宴

蔡沁 著　@我自己掰一个

CTS K 湖南科学技术出版社 · 长沙

图书在版编目（CIP）数据

史前生物你吃啥：恐龙时代的美食盛宴 / 蔡沁著 .-- 长沙：湖南科学技术出版社，2024. 9. -- ISBN 978-7-5710-3035-3

Ⅰ. Q915.864-49

中国国家版本馆 CIP 数据核字第 2024LN8806 号

SHIQIAN SHENGWU NI CHI SHA：KONGLONG SHIDAI DE MEISHI SHENGYAN

史前生物你吃啥：恐龙时代的美食盛宴

著　　者：蔡　沁

出 版 人：潘晓山

责任编辑：梁　蕾　李文瑶　王舒欣

出版发行：湖南科学技术出版社

社　　址：长沙市芙蓉中路一段 416 号泊富国际金融中心

网　　址：http://www.hnstp.com

湖南科学技术出版社天猫旗舰店网址：

http://hnkjcbs.tmall.com

邮购联系：本社直销科 0731-84375808

印　　刷：长沙市雅高彩印有限公司

（印装质量问题请直接与本厂联系）

厂　　址：长沙市开福区中青路1255号

邮　　编：410153

版　　次：2024 年 9 月第 1 版

印　　次：2024 年 9 月第 1 次印刷

开　　本：787×1092mm 1/16

印　　张：10.25

字　　数：161 千字

书　　号：ISBN 978-7-5710-3035-3

定　　价：78.00 元

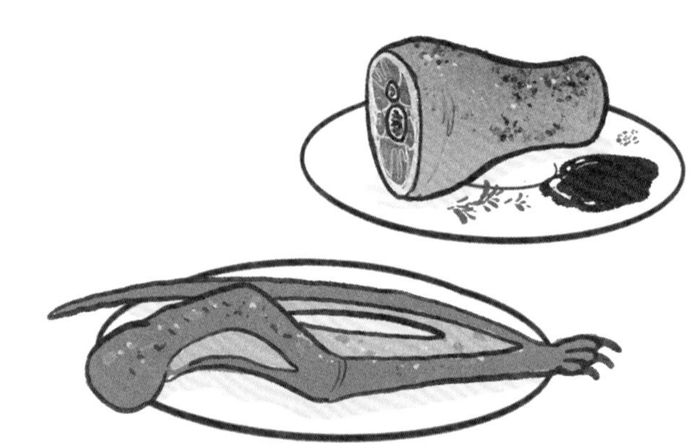

值
送
8折！
Flower MAGNOLIA
Seeds
CHAR-COAL
Angiosperm Branches
Cunninghamia
FERN
Leaves fragments
Fruit
kid
PLANT

赴一场恐龙时代的美食盛宴

俗话说“民以食为天”，人类如此，恐龙亦然。我们人类可以为了美食珍馐跑遍世界、打卡探店，恐龙们也曾在地球上为了食物上演生死时速、极致追逐。网络上对食材的评价可以浓缩成三个问句——能吃吗？好吃吗？怎么吃？在没有烹饪工具和调味料的中生代，恐龙的厨艺想必不敢恭维，那各种恐龙爱吃啥、怎么吃就成了值得讨论的有趣话题，这便是本书诞生的源头。

想要了解已经灭绝亿万年的动物是如何吃饭，听起来似乎是件十分困难的事儿。然而，经过古生物学无数前辈数百年的努力，加上近年来科学技术的突飞猛进，我们人类也能通过各种各样的蛛丝马迹探寻恐龙美食的秘密。比如古生物学家在中华丽羽龙的肚子里，发现了恐龙腿和古鸟的残骸，从而得知它们是一种活跃凶猛的掠食者。再比如，专家通过电子显微镜观察到蜥脚类恐龙牙齿上的磨痕，进而判断出它们喜爱的植物处于哪种层位。更不用说胃石、咬痕、足迹、粪化石等各种化石和遗迹，它们共同构建起恐龙饮食的线索库。正是科学工作者的不懈努力以及高新技术的飞速发展，让以往被忽视的细节重新被重视起来，并为还原恐龙世界提供了扎实的依据。

相较于曲高和寡的学术论文，如何把枯燥晦涩的资料转化为大家都喜闻乐见的内容，是一个不小的挑战。所以我选择了科普漫画的形式，让你可以获得更轻松愉快的阅读体验。书中可以见到各异的恐龙卡通形象，它们或许和你平时见到的恐龙复原图不一样，相信你一定能找到它们的可爱之处。不仅如此，我还尽量使用了生活元素以便理解，所以你能看到腔骨龙外卖员、小盗龙售货员、侏罗猎龙钓鱼佬等有趣的拟人角色，也希望你在阅读时能够发现这些彩蛋。既然本书是一本恐龙的美食书，也在书中加入了许多恐龙发现地的特色菜品：享受英国菜的重爪龙、吃火锅的羽王龙、撸串的中华龙鸟，还有嗦过桥米线的中国龙……如果出现了你的家乡美食，记得读书之余来上一份，与书中的恐龙们一同化身美食达人。

得益于互联网的发展，无论是科研人员还是古生物爱好者都能便捷地从网上获取来自世界各地的信息。在本书创作的过程中，得到了来自五湖四海的朋友们的帮助，在此表示感谢。还特别感谢英国伯明翰大学博士后秦子川博士为本书内容进行审核。

古生物学是个日新月异的学科，每天几乎都会有新研究被发布、老观点被推翻。即使到成书之日，仍有不少新老知识发生碰撞。因此，书中的内容和观点如果和您获得的信息出现偏差，请不要讶异，也欢迎各位书友交流探讨，共同进步。

让我们以书为箸，赴一场恐龙时代的美食盛宴吧。

蔡沁

菜单

备菜 · 恐龙的饮食之道

前菜 · 三叠纪与侏罗纪的恐龙菜品

主菜 · 白垩纪的恐龙菜品

备菜

恐龙的饮食之道

毋庸置疑，恐龙是迷人的古生物，关于恐龙的一切似乎都十分引人注目：它们生活在什么年代？它们的体形有多大？它们是如何演化的？其中，恐龙的饮食长久以来都是古生物学家和恐龙迷津津乐道的话题。恐龙爱吃啥？恐龙是怎样觅食的？研究人员又是怎样研究恐龙的饮食呢？在开启这场恐龙美食盛宴之前，我们先来解答这些问题。

大厨姓甚名谁！

恐龙是什么？

恐龙是一类诞生并活跃于中生代的爬行动物的统称，它们自三叠纪首次登上地球舞台，在白垩纪末的大灭绝中遭到重创，其中大部分种类随之灭绝，但仍有血脉延续至今。恐龙的种类繁多，究竟哪种恐龙是人类发现的第一种恐龙呢？答案是 1822 年在英国萨塞克斯郡发现的禽龙。据记载，第一块禽龙牙齿化石由英国医生吉迪恩·曼特尔与其妻玛丽·安·曼特尔在行医路上发现。禽龙在被发现的 3 年后（1825 年）被命名，但它并不是最早被科学命名的恐龙。1824 年，英国博物学家威廉·巴克兰就描述了第一种被科学命名的恐龙——巨齿龙。而“恐龙”（Dinosauria）一词则是由英国博物学家理查德·欧文于 1842 年正式提出。

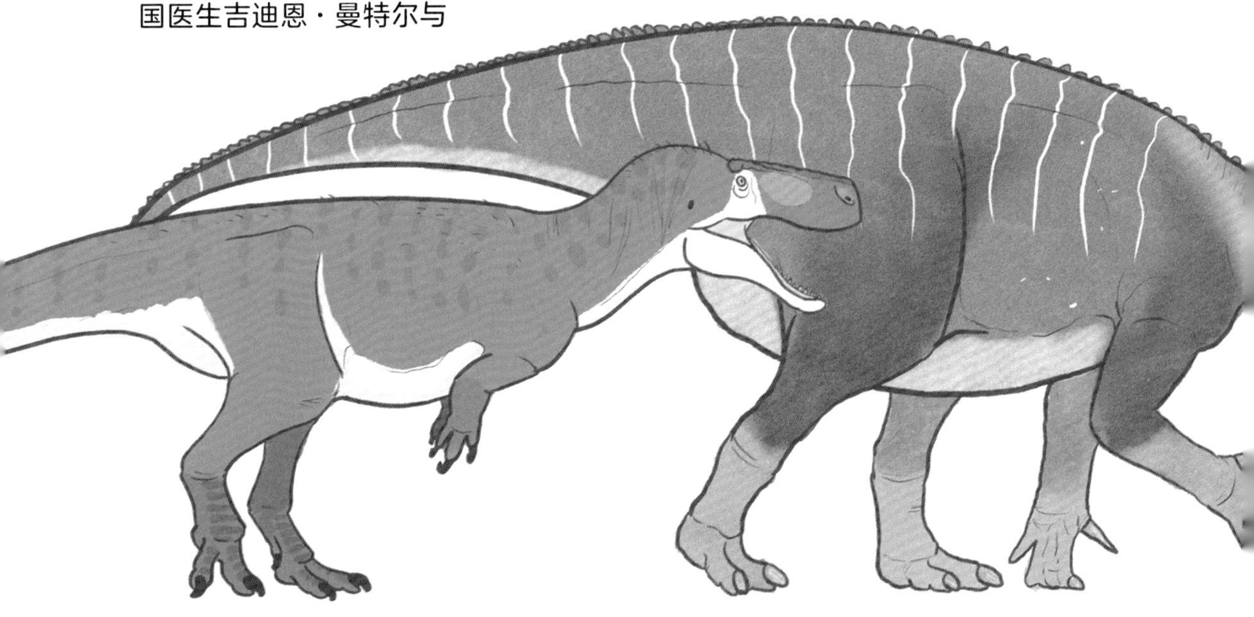

巨齿龙

Megalosaurus

中侏罗世·欧洲
蜥臀目·兽脚类·巨齿龙科
体长 6~7 米，肉食

禽龙

Iguanodon

早白垩世·欧洲
鸟臀目·鸟脚类·禽龙科
体长 9~11 米，植食

吉迪恩 · 曼特尔

禽龙的发现者之一
最早研究禽龙之人

玛丽 · 安 · 曼特尔

禽龙的发现者之一
吉迪恩 · 曼特尔之妻

威廉 · 巴克兰

巨齿龙命名者
最早科学命名恐龙之人

理查德 · 欧文

“恐龙”一词的创立者
英国博物学家

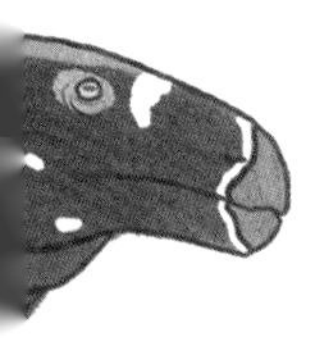

复原的变迁

在禽龙和巨齿龙发现之初，人们对恐龙这类原始的、巨大的动物并不了解，加上挖掘到的化石比较零碎，所以古生物学家只能参考蜥蜴、鳄鱼和大型哺乳类动物的长相对恐龙进行复原。巨齿龙（左）和禽龙（右）的早期复原形象就和今天的复原形象差别巨大，两足行走的巨齿龙被复原成四脚着地的“大怪物”，禽龙的拇指趾爪被安到了它的鼻子上，看起来就像只大犀牛。这些复原模型现今还在英国的水晶宫公园迎接着游览的游客。

东方最早认识恐龙的国家是日本，而中文“恐龙”一词的出现，最早可以追溯到 1895 年，在东京帝国大学横山又次郎教授编著的教科书中。中国又是何时开始接触恐龙的呢？早在春秋战国时期，吴越地区就曾发现被当作是巨人防风氏骸骨的巨大骨头，如今有学者认为是大型恐龙的化石。西晋时，有人于四川挖掘出龙骨，目前也被推测为恐龙化石。但最确凿的记载是 1914 年，俄国人在我国黑龙江盗挖的满洲龙，这也是我国发现的第一种恐龙。而由我们中国人自主挖掘、命名的第一种恐龙，则是云南的禄丰龙。禄丰龙化石于 1938 年由我国科考团队挖掘出土，并于 1941 年由古生物学先驱杨锺健先生命名。1996 年，第一块带羽毛非鸟恐龙化石在我国辽宁横空出世，中国一跃成为全球恐龙研究的热点地区。随着新技术的引进，古生物学家对恐龙的研究也进入了新时代。

杨教授于 1940 年 7 月题诗一首

题许氏禄丰龙再造图

千万年前一世雄，赐名许氏禄丰龙。
种繁宁限两洲地，运短竟与三迭终。
再造犹见峥嵘态，象形应存浑古风。
三百骨骼一卷记，付与知音究异同。

- 近代以前，世界各地的人们都有发现疑似恐龙化石的记录。
- 1822 年，英国发现第一件恐龙化石。
- 1824 年，英国第一次科学命名恐龙（巨齿龙）。
- 1825 年，英国科学命名禽龙。
- 1842 年，英国首次提出“恐龙”（Dinosauria）一词。
- 1858—1890 年，美国学者进行“化石战争”。

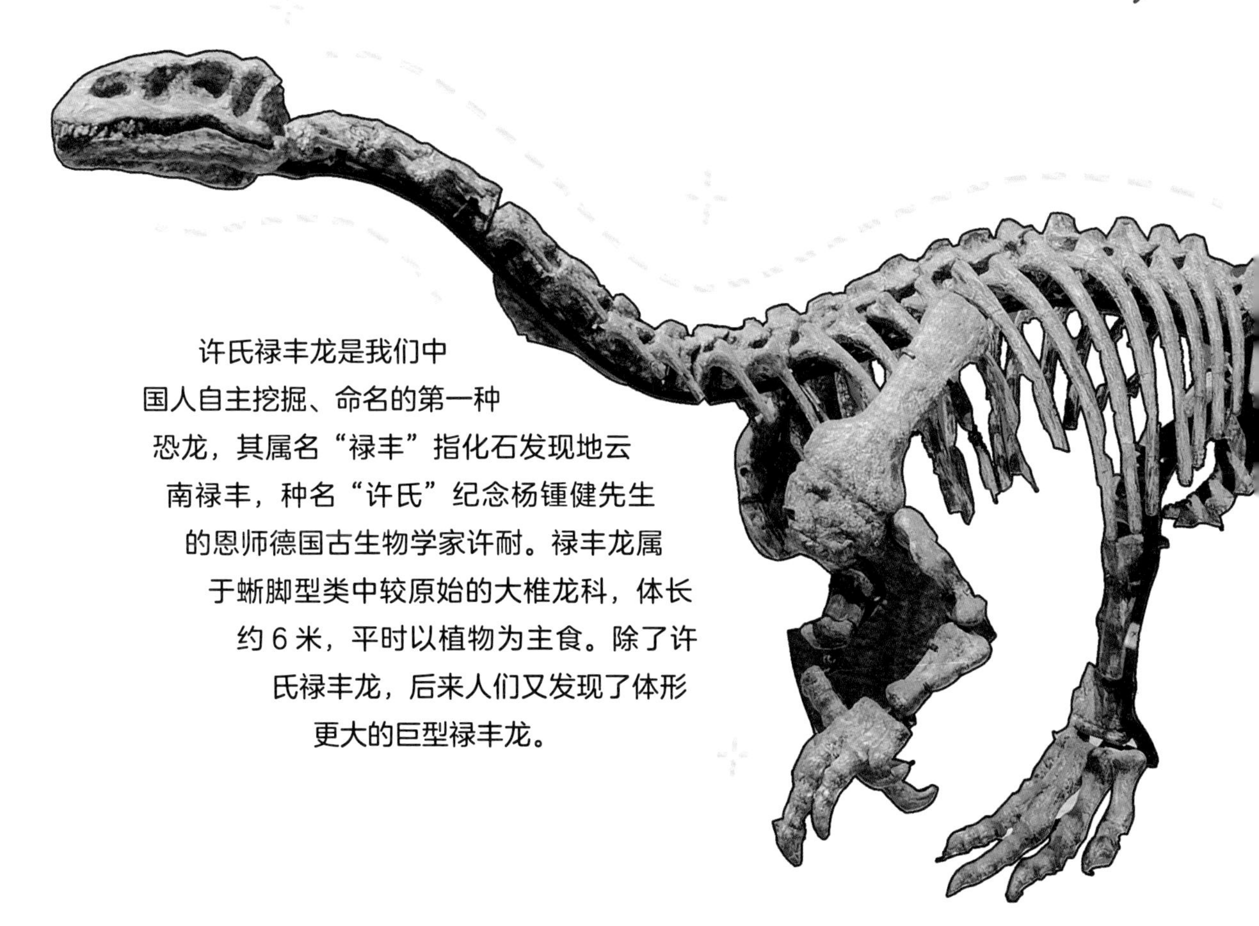

许氏禄丰龙是我们中国人自主挖掘、命名的第一种恐龙，其属名“禄丰”指化石发现地云南禄丰，种名“许氏”纪念杨锺健先生的恩师德国古生物学家许耐。禄丰龙属于蜥脚型类中较原始的大椎龙科，体长约 6 米，平时以植物为主食。除了许氏禄丰龙，后来人们又发现了体形更大的巨型禄丰龙。

1895 年，日本首次将“Dinosauria”翻译为中国的汉字“恐龙”。

1938 年，云南出土中国人自主挖掘的第一具恐龙化石。

20 世纪 70 年代，“恐龙文艺复兴”在美国兴起。

1996 年，中国发现第一件带羽毛非鸟恐龙化石。

2010 年，中国首次根据黑素体还原恐龙颜色。

大厨师从何方？

恐龙的分类

霸王龙和三角龙是亲戚吗？如果想要知道不同种类恐龙彼此间的亲缘关系，那么就不得不了解恐龙的分类。通常来说，恐龙被分为“蜥臀目”和“鸟臀目”两大类，两大类中又划分为若干个分支，它们就像一棵大树一样，离树干越近的恐龙在演化地位上越原始，离树枝末端越近的恐龙越进步。值得一提的是，鸟类也是恐龙中的一员，它们属于兽脚类恐龙。

哪家哪派看屁股

根据传统的分类方式，恐龙可以分为“蜥臀目”和“鸟臀目”。顾名思义，它们屁股位置的骨盆结构分别和蜥蜴及鸟类的相似。典型的蜥臀目恐龙骨盆耻骨朝前，而鸟臀目恐龙耻骨朝后。尽管鸟臀目恐龙的骨盆与鸟类的类似，但鸟类本身属于蜥臀目恐龙中的兽脚类。耻骨朝向并非判断恐龙分类的严格标准，有些蜥臀目恐龙（如左图中的镰刀龙类）耻骨朝向后方，和家族里的亲戚不一样。因此，现在古生物学家会通过更细致、严谨的方法鉴定恐龙所属类群。

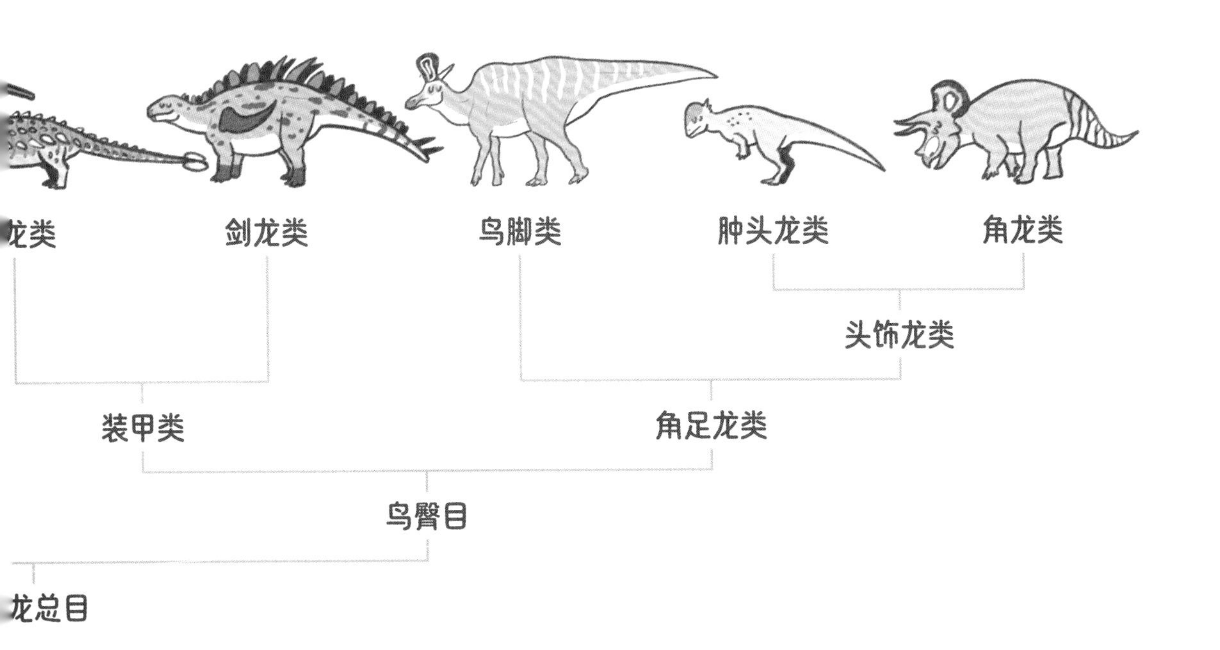

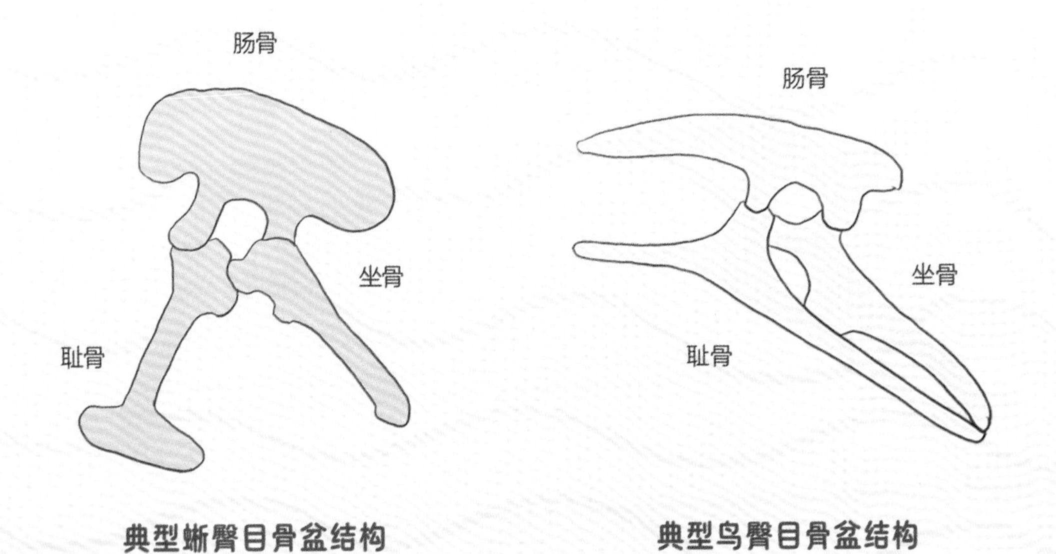

典型蜥臀目骨盆结构　　典型鸟臀目骨盆结构

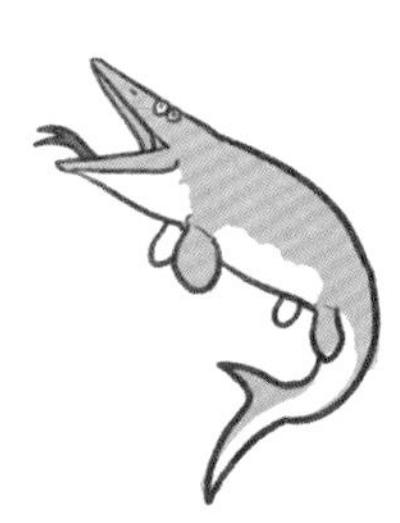

鳞龙类　假鳄类　翼龙类　恐龙（包括鸟类）

鸟颈类

主龙类

蜥类

恐龙的冤案

窃蛋龙得名于化石周围的恐龙蛋，古生物学家以为它们是窃蛋贼，因此留下了这么一个讨人嫌的名字。然而后来的研究显示这些恐龙蛋是窃蛋龙自己的，它们是“护蛋”而非“窃蛋”。

窃蛋龙类大多长有坚硬的喙，口中牙齿退化，和其他兽脚类恐龙不一样。古生物学家发现，窃蛋龙家族长有羽毛，前肢具有翅膀。尽管不能用于飞行，但还能起到装饰和保温的作用。葬火龙（左图）是一种生活在晚白垩世蒙古戈壁地区的大型窃蛋龙类恐龙，人们就曾挖掘出不止一具葬火龙化石，在沙尘暴中张开双臂护着身下的一窝蛋。

从分类上来看，恐龙属于蜥类（Sauria）中主龙类（Archosauria）的鸟颈类（Ornithodira）。目前现存和非鸟恐龙关系最近的动物是鸟类和鳄鱼，所以古生物学家在研究恐龙的时候经常参考它们。尽管翼龙和沧龙等古生物和恐龙长相类似，但它们分属不同家族：沧龙和蜥蜴、蛇等动物同属鳞龙类，而翼龙则属于鸟颈类主龙中的另一个分支。一般来说，恐龙中蜥臀目恐龙里的兽脚类恐龙是肉食动物，而蜥脚形类恐龙则是植食动物；鸟臀目恐龙通常也是素食者。但分类并非是恐龙食性严格的划分标准，且不说兽脚类中的鸟类就有食肉食素等各种各样的食性，窃蛋龙类和似鸟龙类中也发现有植食性的证据。而鸟臀目恐龙中也不乏食肉者——辽宁龙、肿头龙和莱索托龙等都被专家推测为存在食肉（至少杂食）的习性。

食鱼小甲龙

辽宁龙是一种生活在早白垩世的小型甲龙类恐龙，目前发现的亚成年化石个头通常在 30 多厘米。令人惊奇的是，古生物学家在辽宁龙的肚子里发现了鱼类的残骸，这在整个甲龙类乃至鸟臀目恐龙中都很少见。人们还发现辽宁龙有着适应水生生活的特征，它们或许是水陆两栖、擅长捉鱼的小家伙。但也有学者认为辽宁龙的牙齿更适合进食藻类，并推测它们也许是像今天的海鬣蜥一样以藻类为主食。

选择合适的厨具！

牙齿：进食利器

长颈巨龙的牙齿呈凿状，方便它们采食植物的枝叶。

喙：植物之剪

副栉龙所属的鸭嘴龙类有着坚硬的喙嘴，可以用来剪切植物。

嘴：食从口入

永川龙的嘴巴巨大，可以从猎物身上咬下一大块肉。

咬合力：蜻蜓点水和雷霆万钧

霸王龙有着惊人的咬合力，嘴巴一张一合能把猎物的骨骼咬得粉碎。

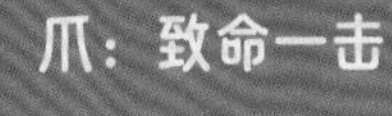

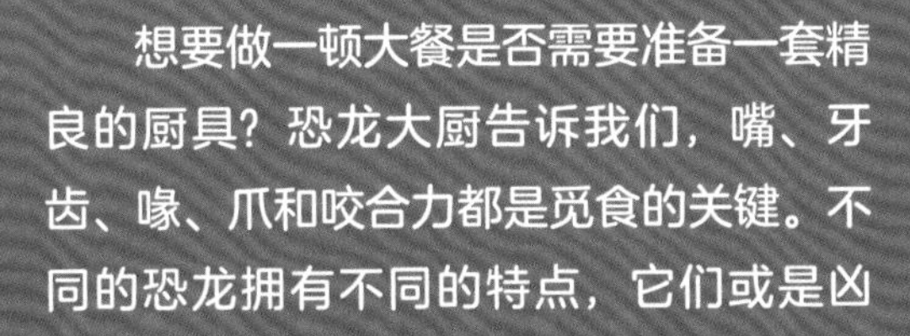

爪：致命一击

犹他盗龙的第二趾爪巨大，可以用来刺杀猎物。

恐龙的觅食工具

想要做一顿大餐是否需要准备一套精良的厨具？恐龙大厨告诉我们，嘴、牙齿、喙、爪和咬合力都是觅食的关键。不同的恐龙拥有不同的特点，它们或是凶猛的嗜血杀手，有的长有锋利的爪子，或是温顺的素食饕客，长有上百颗密集的牙齿。恐龙大厨各显神通，展现了大自然的多样性。

嘴：食从口入

嘴的形状决定了恐龙的进食。霸王龙嘴巴宽而厚实，可以摄食体形较大的猎物；棘龙拥有细长的嘴，类似现代鳄鱼，适合处理水生动物；甲龙类的嘴宽阔，可以一口气咬下一大片植被；梁龙的嘴狭长，方便它们从高处的树枝上撕扯嫩叶。不同恐龙的嘴部形状对应着不同的饮食习惯，通过研究恐龙的嘴，古生物学家可以复刻出恐龙的菜谱。

窃蛋龙科恐龙往往长有粗壮的下颌和喙，而且很多种类口中没有牙齿。但是同为窃蛋龙家族的成员，其内部也存在饮食分化。古生物学家发现原始的窃蛋龙类如切齿龙，它们的张口角度更大，但咬合力更弱；而进化的窃蛋龙类如葬火龙，它们的张口角度更小，但咬合力更强。所以相较于切齿龙，葬火龙更适合采集坚硬植物的茎和种子。

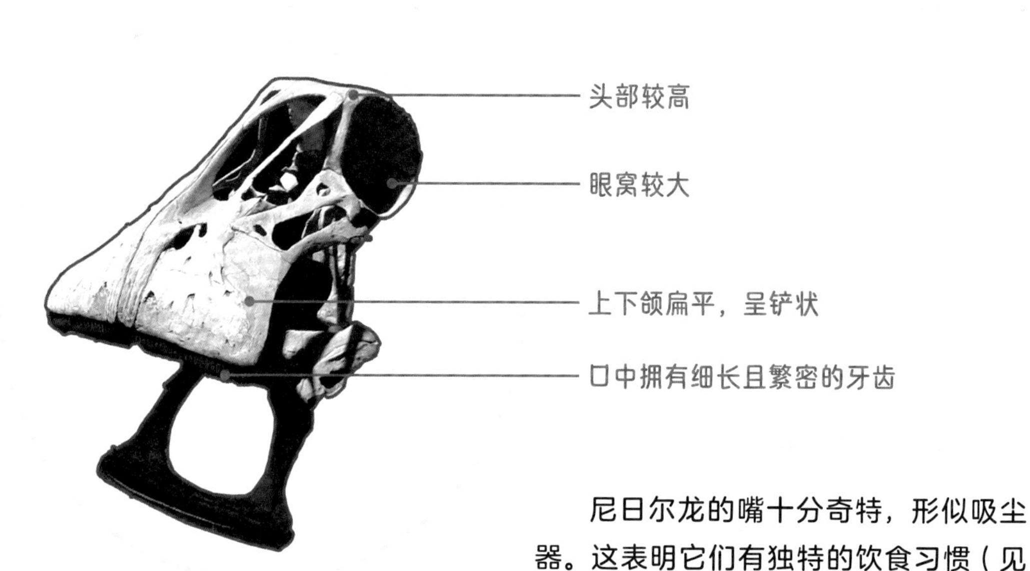

尼日尔龙的嘴十分奇特，形似吸尘器。这表明它们有独特的饮食习惯（见100页）。

梁龙是恐龙中的大明星，虽然它们块头很大，但有一个小小的脑袋。梁龙的吻部狭长，牙齿朝前且呈钉状。这种结构表明它们会从枝头将植物的枝叶咬下来。

剑龙

剑龙（上）的嘴部狭长而突出，这种长吻窄喙的植食恐龙被称为“精食者”（selective feeder），它们会选取特定的植物，并优雅地选择植物的某一部分（如枝叶或果实）吞入腹中。而像甲龙类恐龙（下）的嘴往往都是宽阔的方形，它们一口能咬下一大片植被，它们被称为“粗食者”（bulk feeder）。

甲龙类恐龙

牙齿：进食利器

“工欲善其事必先利其器”，想成为一名中生代大厨，质量过硬的“厨具”必不可少。俗话说“牙好胃口就好”，牙齿成为恐龙觅食最关键的工具。和我们人类不同，恐龙的牙齿可以一直替换，这让它们免去了牙齿脱落的担忧，而这也成为古生物学家喜闻乐见的好事——数量多、硬度大的牙齿化石成为恐龙骨骼化石中最容易保存的部位，很多恐龙种类甚至仅仅只保留了牙齿证明自己曾存在过。

我们在博物馆看到的恐龙牙齿化石往往是长长的一根，但它们在恐龙嘴里并不是这副模样：以左图的天府峨眉龙为例，靠上颜色较深的为齿冠，余下的部分为齿根。齿根在恐龙生前埋在牙龈里，只有在牙齿脱落时才外露。齿冠则是恐龙进食主要发挥作用的部分，其外侧覆盖着一层名为牙釉质的物质，它能够增加牙齿的强度。

恐龙的牙齿都生长在海绵状的牙槽骨构成的牙槽内。和人类只有乳牙、恒牙两套牙齿不同，恐龙一辈子都在不停地换牙。尤其是植食恐龙，它们为了应付坚韧的植物纤维，不得不频繁更换磨损的牙齿，以满足进食的需要。可以看到左图的杨氏马门溪龙，其口中有着一排排梳子似的勺状牙齿，它们可以处理植物的枝叶。在牙齿的深部还有许多新生的牙齿随时待命，等待着召唤。

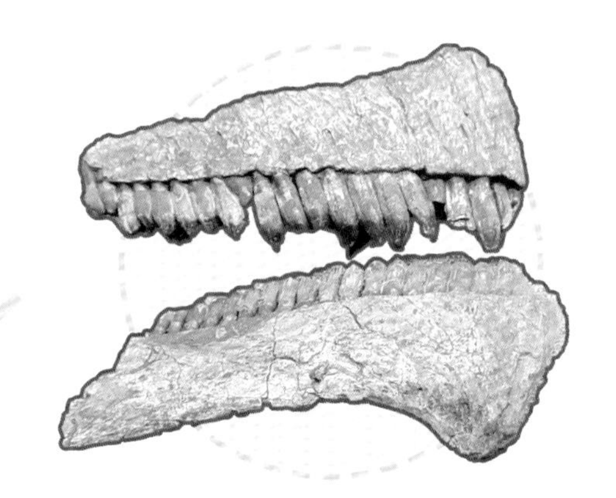

上游永川龙口中长有锋利的牙齿，和牛排刀类似，能够从猎物身上撕扯下皮肉。它们是侏罗纪巴蜀地区的顶级掠食者。

根据种类的不同，恐龙的牙齿在大小、形状和数量上存在差异。诸如异特龙、高棘龙和鲨齿龙这样的兽脚类恐龙，它们的牙齿状如匕首，边缘带有锯齿，善于切割猎物的皮肉；棘龙类的牙齿近似圆锥形，表面带有纵棱，适合捕杀滑溜溜的水生动物；鸭嘴龙类的牙齿数量众多，形成复杂的齿列，可以采食各种类型的植物；梁龙类的牙齿呈钉状，可以撕扯下树枝上的叶片。不同类型的牙齿有着各自擅长处理的食物。

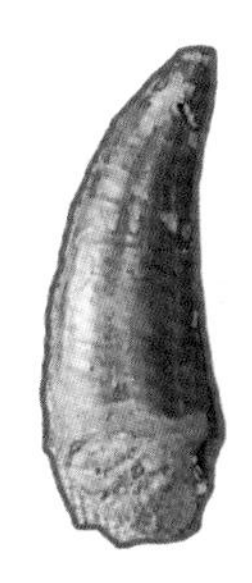

建设气龙牙齿

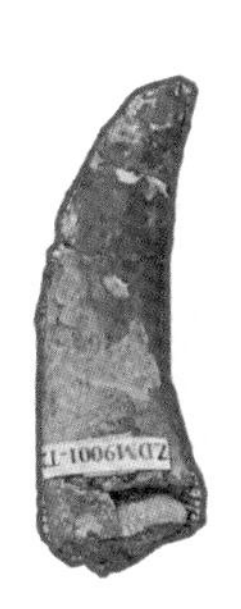

自贡四川龙牙齿

李氏蜀龙牙齿

巴山酋龙牙齿

喙：植物之剪

几乎所有鸟臀目恐龙都有喙嘴——这块位于下颌、被称为“前齿骨”的结构，也是鉴定鸟臀目恐龙的重要特征之一。喙的表面在恐龙生前覆盖有角质层，非常坚硬耐磨。有的恐龙上颌也发育有喙，上下颌咬合时它可以像一把剪刀一样，辅助植食恐龙采食植物。鸟类属于蜥臀目恐龙中的兽脚类，它们的喙和鸟臀目恐龙的喙可能并不同源，但两者都起到了类似的作用。

蓝黄金刚鹦鹉（图左）正用它弯曲而坚固的喙剥去种子坚硬的外皮。鸟喙是鸟类取食的重要工具，鸟喙外侧有角质层，所以它们的喙会比骨骼上看着要大许多。属于角龙类的鹦鹉嘴龙（图右）因喙嘴酷似鹦鹉嘴而得名。事实上，与其他角龙类恐龙相比，鹦鹉嘴龙并没有发达而弯曲的喙，它们的喙部相对圆润平滑。古生物学家推测，鹦鹉嘴龙平时以较坚硬的植物茎干及种子为食。

慈母龙（右下图）所属的鸭嘴龙超科恐龙也拥有厚实的喙嘴，这个家族因扁平、形似鸭嘴的嘴巴而闻名。有趣的是，像特提斯鸭龙、沼泽龙和埃德蒙顿龙等鸭嘴龙类恐龙，它们的喙嘴边缘长有锋利的突起。然而这些恐龙的喙上为什么有突起，古生物学家目前尚未找到答案。

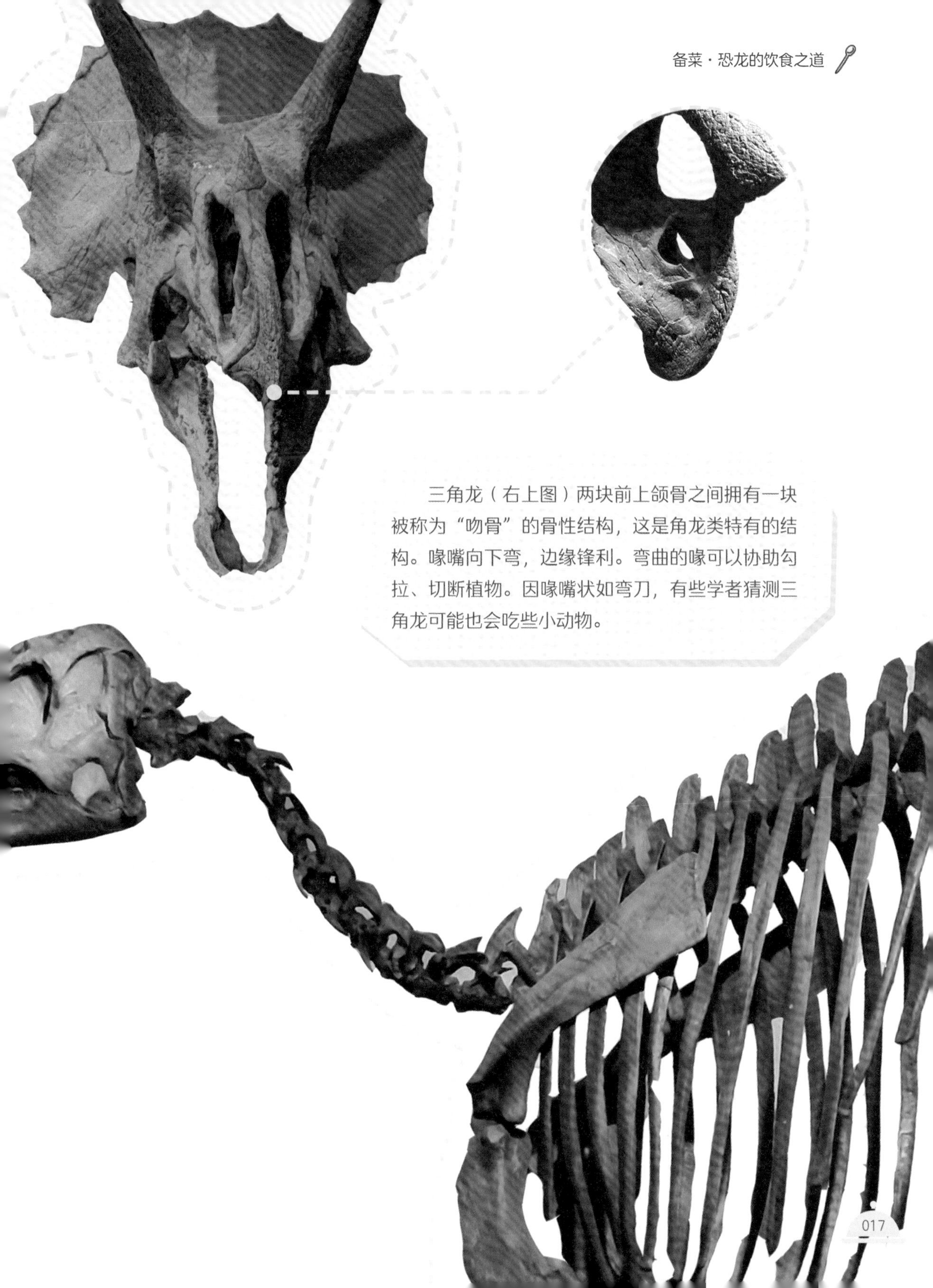

三角龙（右上图）两块前上颌骨之间拥有一块被称为“吻骨”的骨性结构，这是角龙类特有的结构。喙嘴向下弯，边缘锋利。弯曲的喙可以协助勾拉、切断植物。因喙嘴状如弯刀，有些学者猜测三角龙可能也会吃些小动物。

爪：致命一击

有了尖牙怎能少了利爪。很多恐龙，尤其是肉食恐龙，前肢都长有指爪。指爪是特化的指骨，它们通常底部厚实，尖端缩窄，弯曲成一定角度。它们就像一把把弯刀，可以撕开猎物的皮肉。也有一些肉食恐龙特化了脚部的爪子，如驰龙科恐龙，它们脚上的“镰刀爪”令人印象深刻。除了肉食恐龙，植食恐龙也长有指爪，它们的指爪并不用于狩猎，而是作为防身武器或炫耀工具。

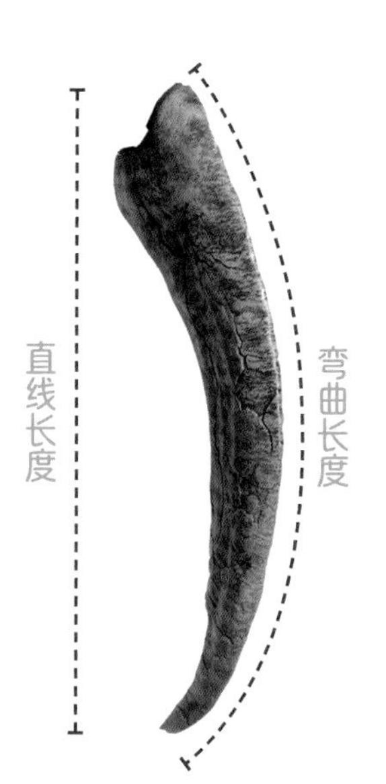

恐龙指爪长度的测量通常有两个数据：直线长度和弯曲长度。目前已知指爪最长的恐龙是来自蒙古的镰刀龙，其弯曲长度可达 75 厘米，冠绝群雄。关于镰刀龙指爪的作用，学者们争论了数十年，有些人认为这些爪子可以挖开蚁穴，协助舔食蚂蚁和白蚁；有些人猜测巨爪可以勾拉树枝，方便采食树叶；还有些人相信爪子是镰刀龙抵御掠食者的利器。2023 年新研究显示，镰刀龙爪子功能没有想象的那么强大，可能只是单纯用来吸引异性的装饰。

迅猛的“镰刀爪”是驰龙家族家喻户晓的特征。古生物学家最初认为伶盗龙的趾爪可以用来划伤猎物，让猎物开膛破肚。但后来人们发现，伶盗龙趾爪不适合挥砍和切割，更可能是用来穿刺——精准命中猎物的大动脉，一击致命。新研究也表明，驰龙科恐龙或许会像今天的猛禽一样，用趾爪牢牢控制住猎物以方便进食。

重爪龙得名于沉重巨大的指爪，其弯曲长度超过 24 厘米。这种生活在英国的棘龙科恐龙，在胃中发现了鱼鳞和恐龙的尸骸（见 104 页）。起初，古生物学家认为重爪龙就像现代棕熊那样，会在河道用大爪子捉鱼。但后来人们推测，重爪龙捕鱼时主要靠狭长的嘴巴，大爪只是用来辅助撕开鱼肉。

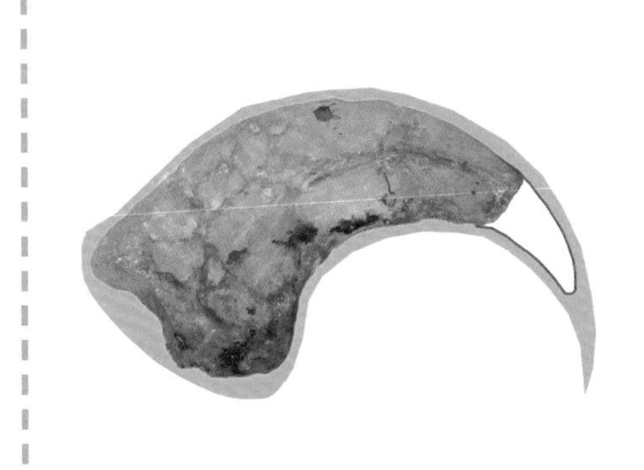

很多时候出土的恐龙指爪化石未必都是完整的，古生物学家会复原出恐龙指爪的完整形态（白色部分）。恐龙指爪的外层有角质鞘，所以真正的恐龙爪子（黄色部分）会比化石上看到的更大、更弯曲、更尖锐。

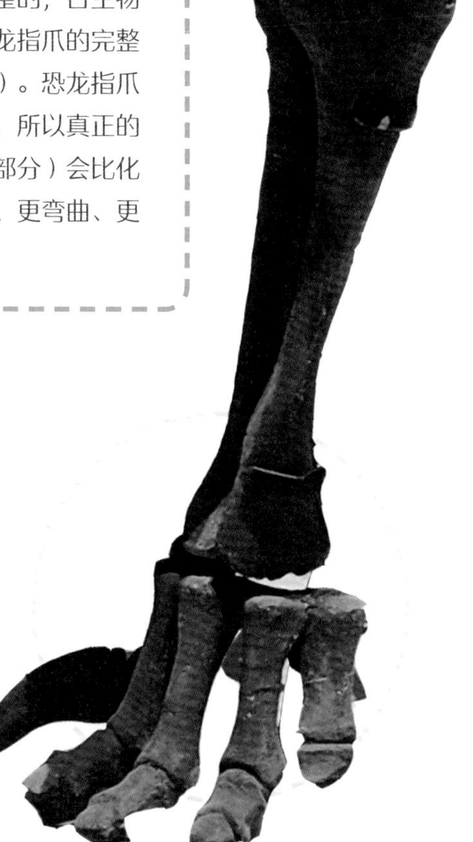

许多蜥脚类恐龙的前肢的大拇指也有一个巨大的指爪——很多复原图把蜥脚类恐龙的脚部复原成大象脚，拥有好多个蹄爪，这是错误的做法。更进步的泰坦巨龙类中有不少种类甚至完全没有指爪。不仅是指爪，它们的指骨也已退化，仅剩掌骨支撑脚部。然而与前肢不同，蜥脚类恐龙的后肢有 3 个向外的趾爪，很是独特。

咬合力：蜻蜓点水和雷霆万钧

强大的咬合力是许多恐龙（尤其是肉食恐龙）觅食必备的条件。像霸王龙这样颌部肌肉发达的掠食者，轻轻一咬便可压骨碎肉。但并不是所有恐龙都需要强劲的咬合力——根据食物的不同，一些以嫩枝嫩叶为食的恐龙咬合力就相对比较弱。新技术的引进也为古生物学家研究恐龙的咬合力助力良多：越来越多科学家开始用有限元分析了解恐龙的咬合力，这是一种基于工程力学的研究方法，建立模型探索恐龙咬合时的应力。

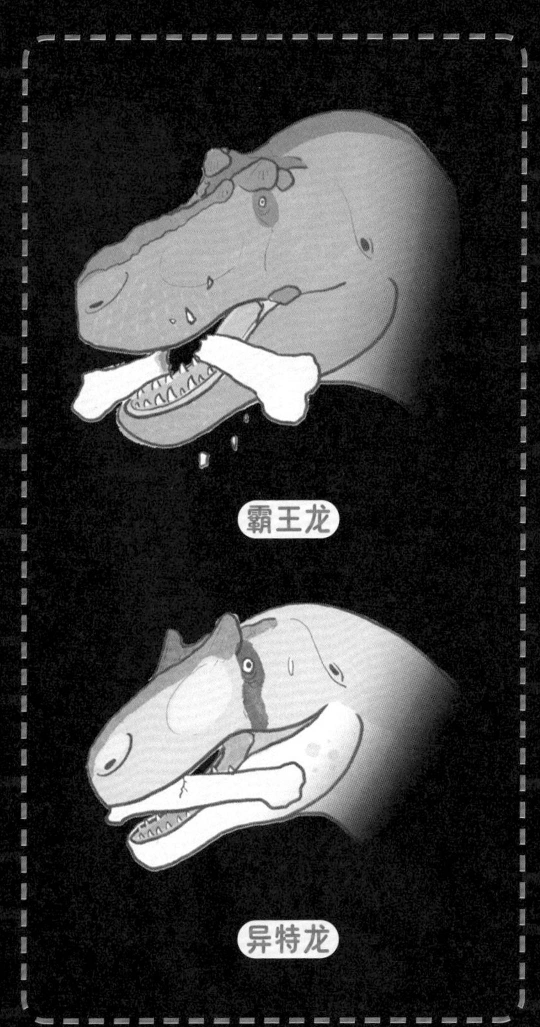

霸王龙拥有粗壮的头骨，它们的鼻骨和周围的骨骼牢固地愈合，可以承受巨大的力量。据古生物学家估测，霸王龙嘴部后端的咬合力能达到 5.7 吨，可能是有史以来陆生动物中最强大的咬合力。结合香蕉似的牙齿，霸王龙可以轻而易举地咬碎骨头。和霸王龙相比，异特龙（下）的咬合力弱一些，据估算约 0.87 吨。但研究显示，异特龙的头骨十分善于承受应力，可以承受比咬合力更大的力量。无论是霸王龙还是异特龙，它们的牙齿都能在骨骼上留下印记。在美国多地发现的恐龙化石都留有两者的咬痕，不愧是劣迹斑斑的两个恶霸。

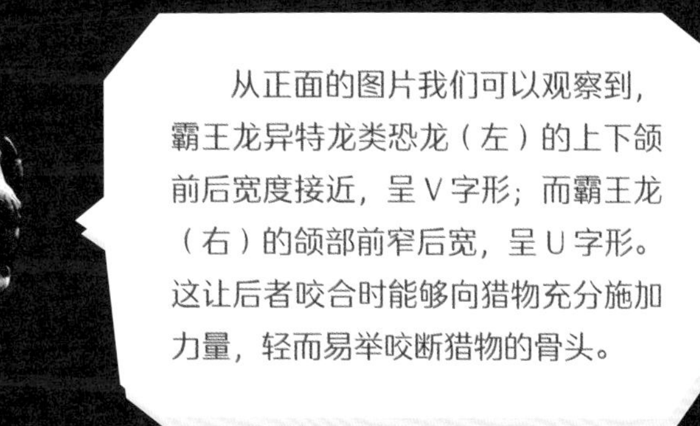

从正面的图片我们可以观察到，霸王龙异特龙类恐龙（左）的上下颌前后宽度接近，呈 V 字形；而霸王龙（右）的颌部前窄后宽，呈 U 字形。这让后者咬合时能够向猎物充分施加力量，轻而易举咬断猎物的骨头。

并非所有恐龙都拥有强劲的咬合力。死神龙属于兽脚类恐龙中的镰刀龙类，尽管它们的名字很霸气，但死神龙的颌部相对孱弱。因此，死神龙无法拥有类似霸王龙的超强咬合力，平时以植物枝叶为食。

北方盾龙是种生活在加拿大的结节龙类恐龙，它的胃内容物中留有蕨类、苏铁和针叶树种子等植物的碎片。

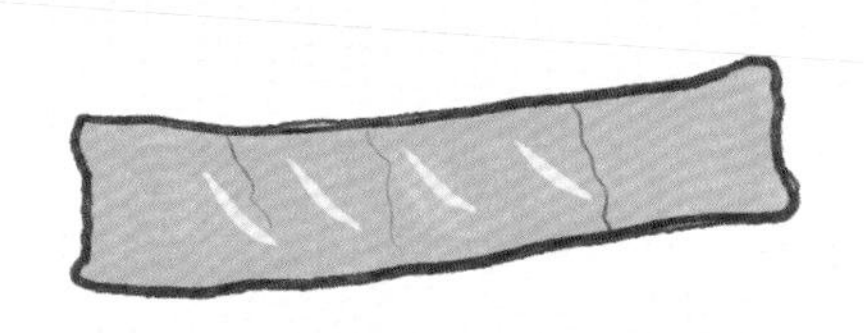

玛君龙来自晚白垩世的马达加斯加，古生物学家在多块玛君龙的化石上发现了咬痕，这些咬痕来自它们的同类。

埃德蒙顿龙属于鸭嘴龙类，人们在一块脊椎骨上发现了愈合的痕迹：留下牙印的是未成年的霸王龙或是矮暴龙。埃德蒙顿龙在掠食者的口中侥幸逃生。

现代的部分鸟类会将皮毛、骨骼等无法消化的食物残渣在消化道内挤压成食茧吐出。恐龙也有类似的行为——人们在近鸟龙的咽喉部发现了带有鱼鳞的食茧。

伊希斯龙是生活在印度的蜥脚类恐龙，人们在它的粪化石中发现了某些感染植物叶子的真菌痕迹，证明伊希斯龙以树叶为食。

恐龙吃什么？

化石中的蛛丝马迹

恐龙吃什么？答案就藏在化石里。在很多人印象中，恐龙化石都是冷冰冰的石化骨头，但其实它们之中蕴含的信息可真不少：有的化石留有掠食者的牙印，有的化石留有受到袭击后愈合的伤痕，还有的化石腹中带着死者生前吃的最后一餐。除了骨骼化石，恐龙的足迹、粪便、印痕都能为我们还原出恐龙的饮食习惯。

生死一刻

恐龙战斗的场面想要保存成化石需要诸多条件。决斗恐龙（The Dueling Dinosaurs）是 2006 年在美国蒙大拿州挖掘出土的化石，包含了一只接近三角龙的角龙类恐龙和一只疑似矮暴龙的霸王龙类恐龙。化石保存得非常完整，古生物学家推测这个遗迹是恐龙决斗的生动体现。其中掠食者的牙齿嵌入猎物的脊椎骨，前者的前肢还骨折断裂了。这件令人惊奇的化石标本还有着许多待解开的谜。

恐龙如鸡

鸟类有吞食小石子的习惯，这些石子被储存在一个叫作砂囊的器官里，能够研磨食物，起到协助消化的作用。目前暂时没有发现非鸟恐龙拥有砂囊结构，但这些鸟类的老祖宗也有着吞食石头的习性。尾羽龙（右）是一种生活在我国辽宁的早白垩世兽脚类恐龙，属于窃蛋龙类中的尾羽龙科，以扇状的尾羽闻名于世。古生物学家在这种个头只有火鸡般大的小恐龙胃中，发现了成堆的砂石——这些砂石被称作胃石，也是作为协助消化的工具。目前胃石主要集中在植食恐龙身上，因此胃石往往也作为判断恐龙食性的重要依据。

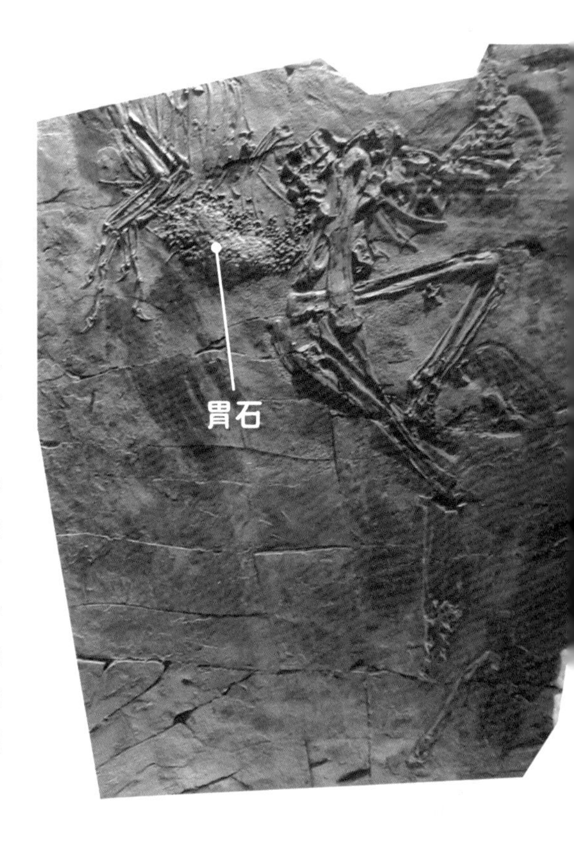

贪心不足鱼吞鱼

胃的内容物可以提示史前生物的最后一餐，这种壮观的化石遗迹不仅存在于恐龙身上，在其他古生物——如凶猛的史前鱼类中也能见到。现藏于美国斯滕伯格自然史博物馆的“鱼中鱼”（Fish-Within-A-Fish）标本展示了晚白垩世的狩猎惊魂时刻：一只长 4 米的剑射鱼吞下了长 2 米的吉氏鱼。古生物学家表示，剑射鱼捕猎时主要靠其利刃般的尖牙，有时猎物吞入口中还未丧命，剧烈挣扎之后可能会戳破猎手的脏器，这或许就是“鱼中鱼”标本诞生的原因。

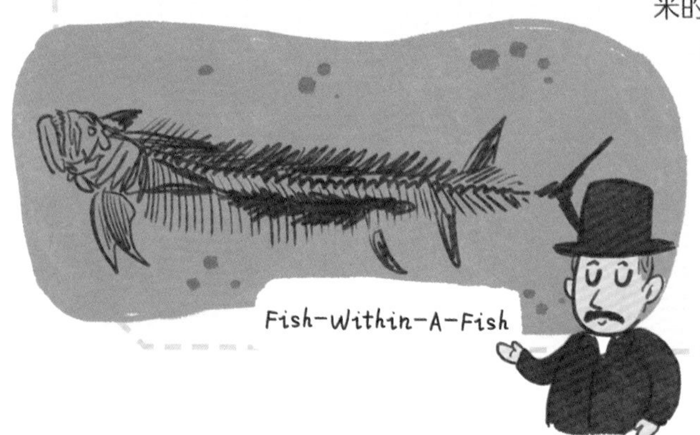

胃内容物

恐龙的最后一餐

如果想知道恐龙生前的最后一餐吃了啥，直接翻开恐龙的肚子看看就知道，尽管保存条件严苛，但仍有一些珍贵的化石跨越亿万年，把恐龙饮食的秘密传递给了我们。目前，我们已在许多兽脚类恐龙的腹中发现了动物的残骸，在植食恐龙的肚子里鉴定出了植物的碎片。更有趣的是，我们在恐龙的肚子里还发现了一些石头，它们是帮助恐龙消化的法宝。

雪松龙生活在晚白垩世，是一种硕大的腕龙科恐龙。2001 年，古生物学家发表了一项关于雪松龙胃石的研究：100 余块胃石集中在雪松龙的肠道区域，其中最重的可达 7 千克。这些石头中大部分呈球形，可能是消化道蠕动以及植物纤维的摩擦后形成了石球。

足迹

脚丫子的学问

提到恐龙化石，几乎所有人脑海里都会冒出恐龙的骨骼化石。事实上，除了骨骼外，还有其他的化石，比如足迹。通过恐龙的足迹，古生物学家可以判断出恐龙的个头、高度和速度，甚至是一些平时无法观察到的生活细节。有些足迹化石宛如史前照相机，对着恐龙狩猎场景按下了快门。

波塞东龙

蜥脚形亚目 · 多孔椎龙类

高耸入云的巨型蜥脚类恐龙，长长的脖子可以像云梯一样抬高。

玫瑰谷追猎者

美国得克萨斯州的帕拉克西河流域沿岸散落着大量恐龙足迹化石。这里在 1.13 亿年前的早白垩世属于一个叫作玫瑰谷组的地层，曾是一片恐龙活跃的濒海三角洲。在这些足迹中，古生物学家常常能观察到蜥脚类恐龙和兽脚类恐龙并排行进的足迹，这种古怪的足迹化石被解释为肉食恐龙追猎植食恐龙的证据。血腥的史前屠杀就被定格在了一串串足迹里。

高棘龙

兽脚亚目 · 鲨齿龙科

背上有一排高大的神经棘，也是其名字的由来。和硕大的脑袋相比，高棘龙的前肢很小。

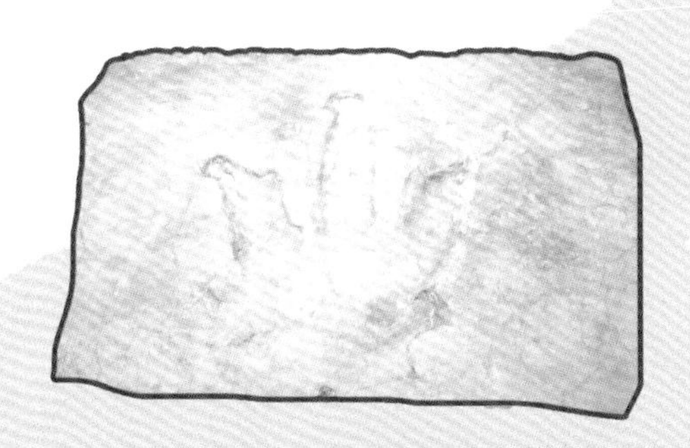

不同门类的恐龙在足迹的形状和大小方面存在明显的差异：比如兽脚类恐龙（左）的足迹如同大鸟的脚印，呈山字形，尖端还有爪子点地留下的痕迹；而蜥脚类恐龙的前足足迹呈凹字形，后足则近似圆形。

恐龙足迹化石往往很难与具体的恐龙种类对应，因此造迹者的身份常常是未解之谜。

结合当地出土的化石，古生物学家认为玫瑰谷追猎者的身份是高棘龙的可能性最大，而被狩猎的蜥脚类恐龙则有可能是波塞东龙。

不同种类的恐龙，其足迹的大小和形状也各有区别。古生物学家往往能通过恐龙的足迹大致判断它们属于哪一类别：许多蜥脚类恐龙的脚印大如土坑，不少兽脚类恐龙的脚印形似鸡爪，最奇特的要数驰龙类恐龙的脚印，呈现独特的 V 字形。这些脚印为学者了解恐龙的生活留下了重要的蛛丝马迹。

驰龙类恐龙的足迹是恐龙中最独特的：翘起的第二趾让足迹看起来像是 V 字形。

大部分兽脚类恐龙的脚印都和现代鸟类足迹类似，而且趾头末端往往有尖锐爪痕。

蜥脚形类恐龙的足迹是
大的，它们的前足足迹
后足则接近椭圆形或圆

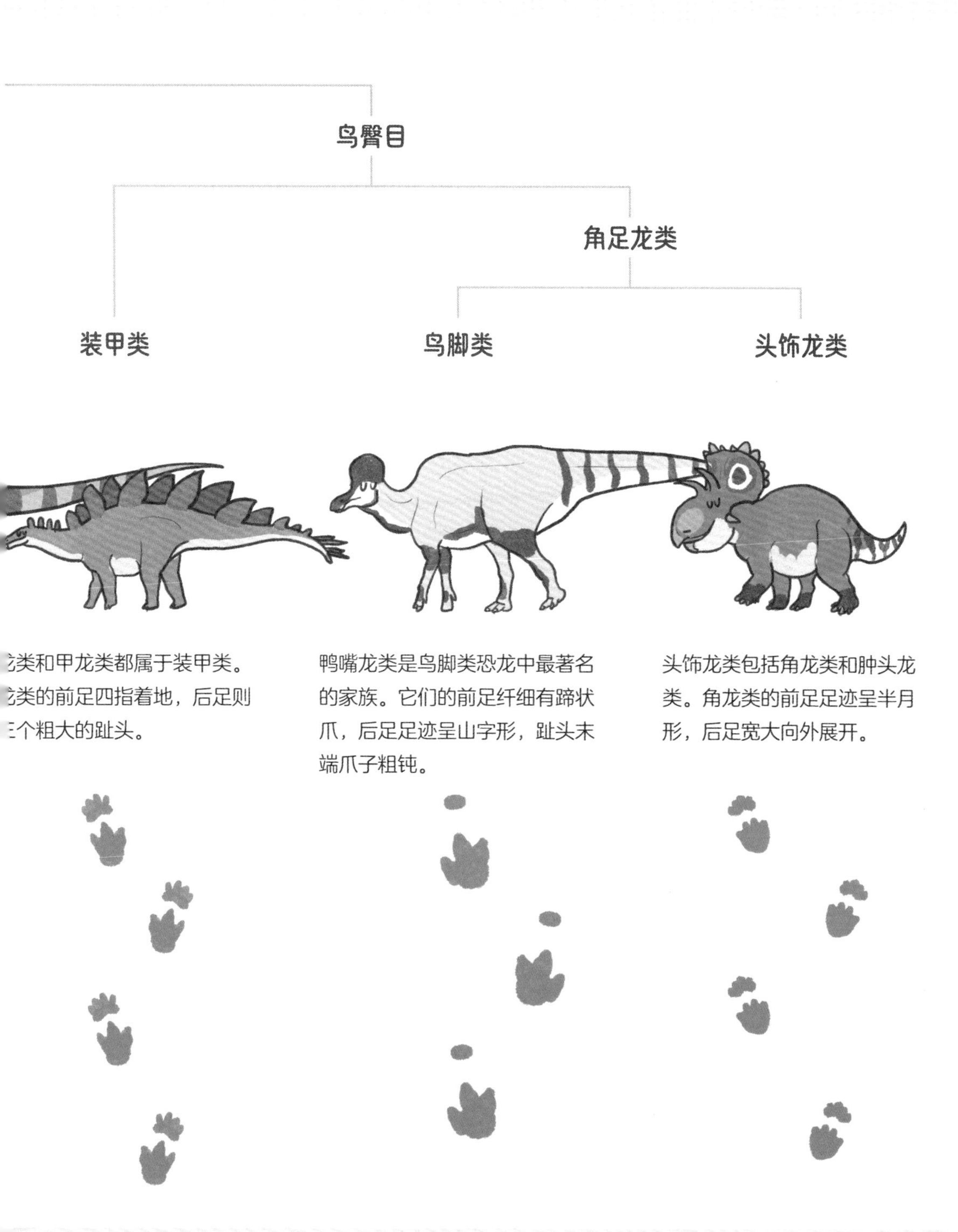

类和甲龙类都属于装甲类。类的前足四指着地，后足则个粗大的趾头。

鸭嘴龙类是鸟脚类恐龙中最著名的家族。它们的前足纤细有蹄状爪，后足足迹呈山字形，趾头末端爪子粗钝。

头饰龙类包括角龙类和肿头龙类。角龙类的前足足迹呈半月形，后足宽大向外展开。

是早餐还是夜宵呢？

恐龙的活动时间

人类是日出而起，日落而息。猫头鹰和蝙蝠昼伏夜出，白天呼呼大睡，晚上精神抖擞。还有不少动物将一整天时间划分为数段的活动时间和休息时间。动物的活动时间受节律控制，存在相对固定的模式，恐龙也不例外。2011 年，古生物学家将恐龙巩膜环（眼眶里的骨环）的比例与现代动物的进行对比，从而为我们刻画出了一张恐龙的日程表。

巨殁龙

早侏罗世 · 非洲

夜行性恐龙

伶盗龙

晚白垩世 · 亚洲

夜行性恐龙

很多恐龙都像鹦鹉嘴龙一样，白昼和黑夜都会间歇性的活动和休息。

小盗龙

早白垩世 · 亚洲

夜行性恐龙

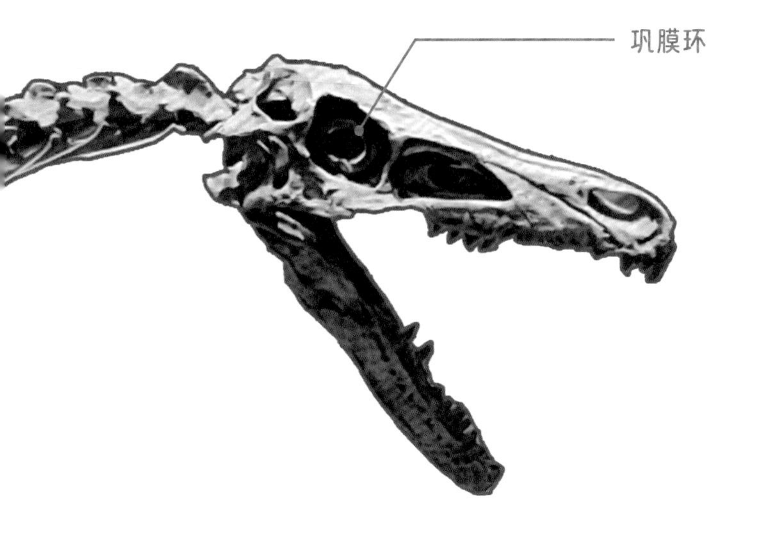

眼睛是动物身上的重要器官，在很多动物的捕猎行为中起到了重要作用。恐龙的眼眶内覆盖着一个名为巩膜环的骨质结构，是由多块巩膜骨围成的骨环。巩膜环可以保护眼球，其与眼眶及头骨的比例可以指示眼球的大小，进而推测动物的视力。

2011 年，美国洛杉矶自然史博物馆的拉尔斯·施米茨教授率领团队，对部分恐龙、翼龙、古鸟及其他古生物的巩膜环进行研究，将它们与现代动物的进行对比，从而推测出这些史前生物可能的活动时间规律。

部分恐龙及翼龙的活动时间推测

鸟臀类恐龙

物种	活动时间
劳氏灵龙	○日行性
鹤鸵盔龙	○●昼夜兼性
巨原栉龙	○●昼夜兼性
安氏原角龙	○●昼夜兼性
蒙古鹦鹉嘴龙	○●昼夜兼性
奥氏栉龙	○●昼夜兼性

蜥脚型类恐龙

物种	活动时间
长梁龙	○●昼夜兼性
蒙古耐梅盖特龙	○●昼夜兼性
长头板龙	○●昼夜兼性

兽脚类恐龙

物种	活动时间
斯氏侏罗猎龙	●夜行性
卡岩塔巨殁龙	●夜行性
顾氏小盗龙	●夜行性
蒙古伶盗龙	●夜行性
中国鸟龙未定种	○●昼夜兼性

翼龙

物种	活动时间
古老翼手龙	○日行性
粗喙船颌翼龙	○日行性
吉氏南翼龙	●夜行性
明氏喙嘴龙	●夜行性
沃氏古神翼龙	○●昼夜兼性

夜行性（Nocturnality）动物顾名思义，夜间活跃，白天睡觉，为人所知的就有各种猫头鹰、蝙蝠等动物。夜行性动物往往有着发达的感官，眼睛通常能适应较弱的光线，可以借着夜色进行捕猎或觅食。古生物学家发现，很多兽脚类恐龙有着大大的眼睛，其中不少都拥有立体视觉，意味着它们不仅有超强的视力，还有开阔的视野，可以在黑暗中牢牢锁定猎物。诸如伶盗龙、小盗龙和侏罗猎龙等肉食恐龙，或许都是黑夜中的迅猛猎人。

除了夜行性动物，还有日行性（Diurnality）动物和昼夜兼性（Cathemerality）动物。像大部分灵长类（包括人类）动物都是日行性动物，维氏冕狐猴（左下）会在白天聚集在一起晒太阳，然后在森林里寻找树叶和果实。发现于我国四川地区的灵龙，就被推测是日行性恐龙，它们可能会在阳光充沛的白天觅食。而像狮子（右下）则是昼夜兼性动物，它们的睡眠是多相的，睡眠时间被分割为零散的若干段，一整天睡眠和活动交替进行。所以无论是白天还是晚上，都可能目睹狮子的捕猎现场。古生物学家发现，很多植食恐龙都是昼夜兼性的，它们可能会花大量时间寻找食物，然后在间歇期简单地打个盹。

前菜

三叠纪与侏罗纪的恐龙菜品

三叠纪是恐龙诞生的第一个纪元，彼时恐龙只是生物群中不起眼的小家族。随着时间推移，恐龙逐渐成为地球舞台的主角。到了侏罗纪，无论是恐龙种类还是数量都迅速增长。植食恐龙成群结队采食植被，肉食恐龙伺机窥探虎视眈眈，而这一切都在化石中留下蛛丝马迹。梁龙杂烩汤、圆顶龙沙拉还有肺鱼刺身……翻开恐龙的菜谱，看看史前盛宴的前菜有哪些美味佳肴。

送错餐了！

腔骨龙的外卖“乌龙”

腔骨龙生活在晚三叠世到早侏罗世的北美洲，属于兽脚类中的腔骨龙科，是小型肉食恐龙。腔骨龙的牙齿弯曲锋利，边缘带有锯齿，可以切割猎物的皮肉。

美国新墨西哥自然历史与科学博物馆收藏的腔骨龙粪化石中，学者们观察到了疑似鱼鳞的痕迹，表明鱼可能是这些三叠纪小猎手的美餐之一。而在美国自然史博物馆收藏的一具腔骨龙化石标本，其腹腔也有一些残留的动物骸骨。起初，古生物学家以为这些是幼年腔骨龙的骨头，于是这成为腔骨龙同类相食的证据。然而到了 2002 年，“龙食龙”事件发生了反转——研究人员发现这些所谓的“幼年腔骨龙”其实是类似黄昏鳄的假鳄类动物，因此没有直接证据可以支持腔骨龙同类相食的理论。

确凿的化石证据表明，腔骨龙存在同类相食的行为。

2009 年，事件又发生了反转：古生物学家在一具腔骨龙口腔周围的反刍物中发现了细碎的骨骼，经过鉴定，属于幼年腔骨龙的骸骨。由此可见，腔骨龙仍是一种不介意以同类为食的恐龙。彼时北美洲的气候干湿分明，旱季时环境干旱恶劣，面对环境压力成年腔骨龙很有可能会对瘦弱的幼年腔骨龙下手。

腔骨龙生活的时代，由于板块漂移运动，地球的多个大洲联合组成一块超级大陆——泛大陆（又名盘古大陆）。腔骨龙生活在接近赤道的地方，气候温暖，季风带来了丰沛的降水，湿润的雨季和干燥的旱季来回交替。恐龙并不是当时世界的主流物种。个头娇小的腔骨龙所代表的早期恐龙苟活于一些巨兽的阴影下：体形巨大的假鳄类动物波斯特鳄在平原游荡，形态颇似后世大型兽脚类恐龙的它们其实是鳄鱼的远亲。除了大型掠食者，伪鳄类还占据了多个生态位，酷似甲龙的链鳄占据着大型植食者的宝座，灵鳄和苏牟龙则把控着小型植食者位置。韬光养晦的恐龙则在悄悄积攒实力，等待着属于自己的时代。

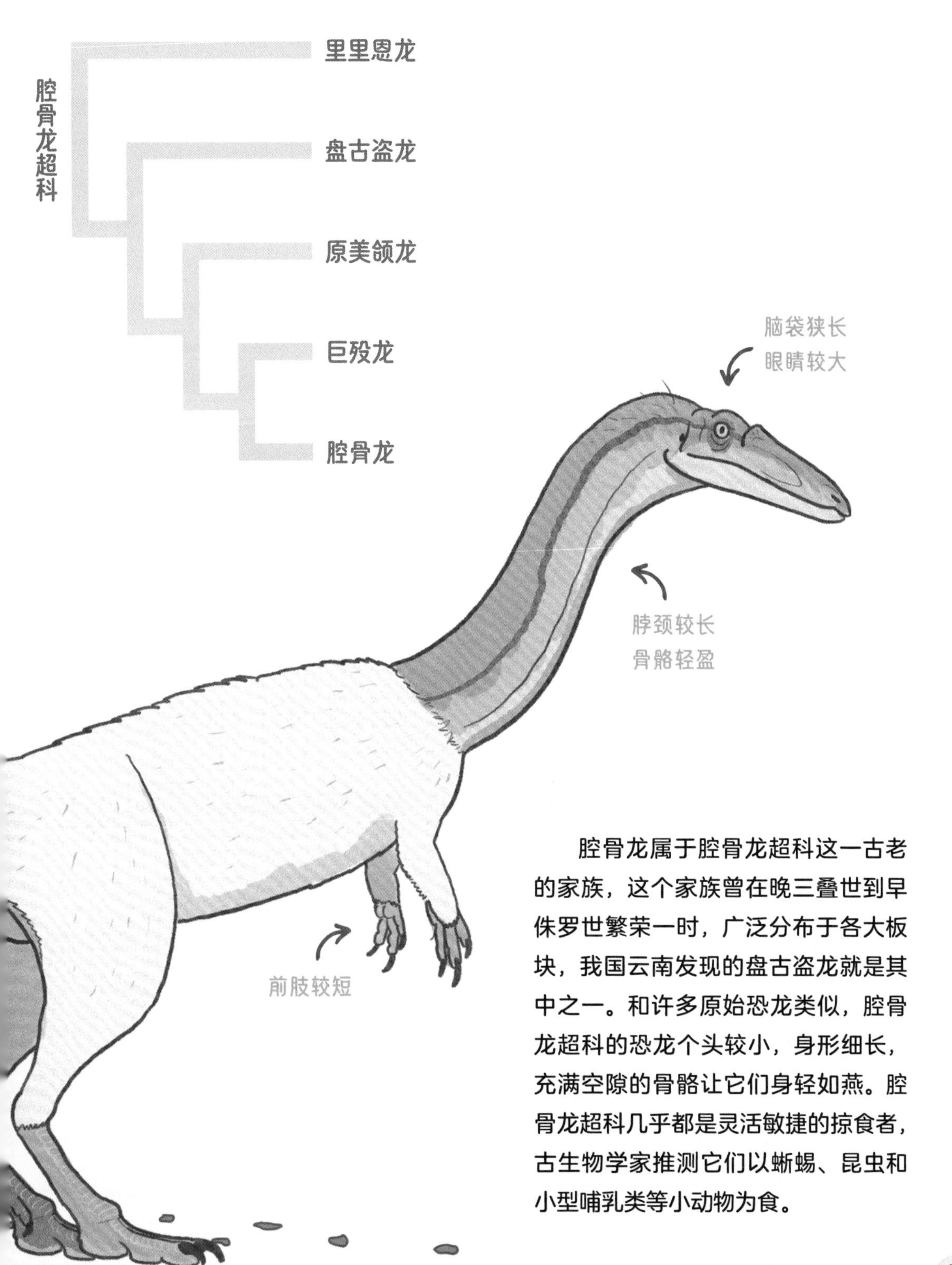

腔骨龙属于腔骨龙超科这一古老的家族，这个家族曾在晚三叠世到早侏罗世繁荣一时，广泛分布于各大板块，我国云南发现的盘古盗龙就是其中之一。和许多原始恐龙类似，腔骨龙超科的恐龙个头较小，身形细长，充满空隙的骨骼让它们身轻如燕。腔骨龙超科几乎都是灵活敏捷的掠食者，古生物学家推测它们以蜥蜴、昆虫和小型哺乳类等小动物为食。

迪克西湖的鱼肉盛宴

侏罗纪的渔夫们

迪克西湖是一个横亘在早侏罗世的史前大湖，其面积广大从犹他州延伸至亚利桑那州，湖中孕育了包括腔棘鱼类、角齿鱼类、半椎鱼类和鲨鱼等大量鱼类。丰富的渔产为远古时代的渔夫们提供了美味的食物，而它们也在化石中留下了自己渔猎的蛛丝马迹。

长羽毛的渔夫

1996年，古生物学家在美国马萨诸塞州发现了一处印痕化石，据推测这是一只双嵴龙坐卧休息的痕迹，腹部贴地的部位展现出羽毛压痕的痕迹。但也有学者认为这些“羽毛”其实只是沉积过程中的碎屑。

渔夫亦是屠夫

双嵴龙前上颌骨和下颌骨之间的凹槽以及长长的牙齿让它们一度被视为只以鱼类或腐尸为食的掠食者。然而近年来的研究显示，双嵴龙的下颌粗壮，咬合力惊人，适合袭击较大的猎物。在一种名为莎拉龙的原始蜥脚形类恐龙身上，古生物学家发现了双嵴龙留下的咬痕，也证明了侏罗纪的渔夫亦是屠夫。

小小钓鱼客

迪克西湖遗迹保存有细小的爪痕化石：这些是类似腔骨龙和巨殁龙的小型兽脚类恐龙留下的，它们身高不到1米，在1米以上的水域活动只能踮起脚尖，所以才会留下奇特的脚印。

双嵴龙身上最有特色的地方是它的头冠，这两个头冠起自前上颌骨，主要由鼻骨和泪骨构成，两侧呈约 80 度角。古生物学家推测，双嵴龙和现存于新几内亚的鹤鸵一样，头冠的表面可能覆盖着角质，所以头冠的体积也许比化石上呈现的要大得多。双嵴龙的头冠虽大，但重量轻。通过 CT 扫描，专家们发现双嵴龙的头冠带有气腔，能够大幅减轻头冠的重量，所以头冠本身还是比较轻薄的。双嵴龙高度气腔化的头冠能够有效地减轻重量，但也使得双嵴龙的头冠较为轻薄且脆弱，不能用于激烈争斗，有可能是起到装饰的作用。

早年间，有人认为双嵴龙的咬合力较弱，是捡食尸体的食腐动物，相对窄长的颌部方便探入动物尸体。但这一观点并没有得到多数学者的认可。后来又有人认为，双嵴龙吻部的凹陷适合控制住滑溜溜的鱼，长而尖锐的牙齿方便咬住鱼的身体。这一假设通过迪克西湖的足迹化石得以证明。

电影明星的真相

双嵴龙在世界闻名是因为电影《侏罗纪公园》中的惊艳表现：个头娇小的双嵴龙脖颈处长有可以伸缩的皮褶，还会喷射致盲的毒液。但电影创作团队承认，这些特征是参考伞蜥以及眼镜蛇的特点设计的，并没有化石证据。不仅如此，从已发现的化石来看，双嵴龙的体形比电影中大得多，是当地最大的掠食者之一。

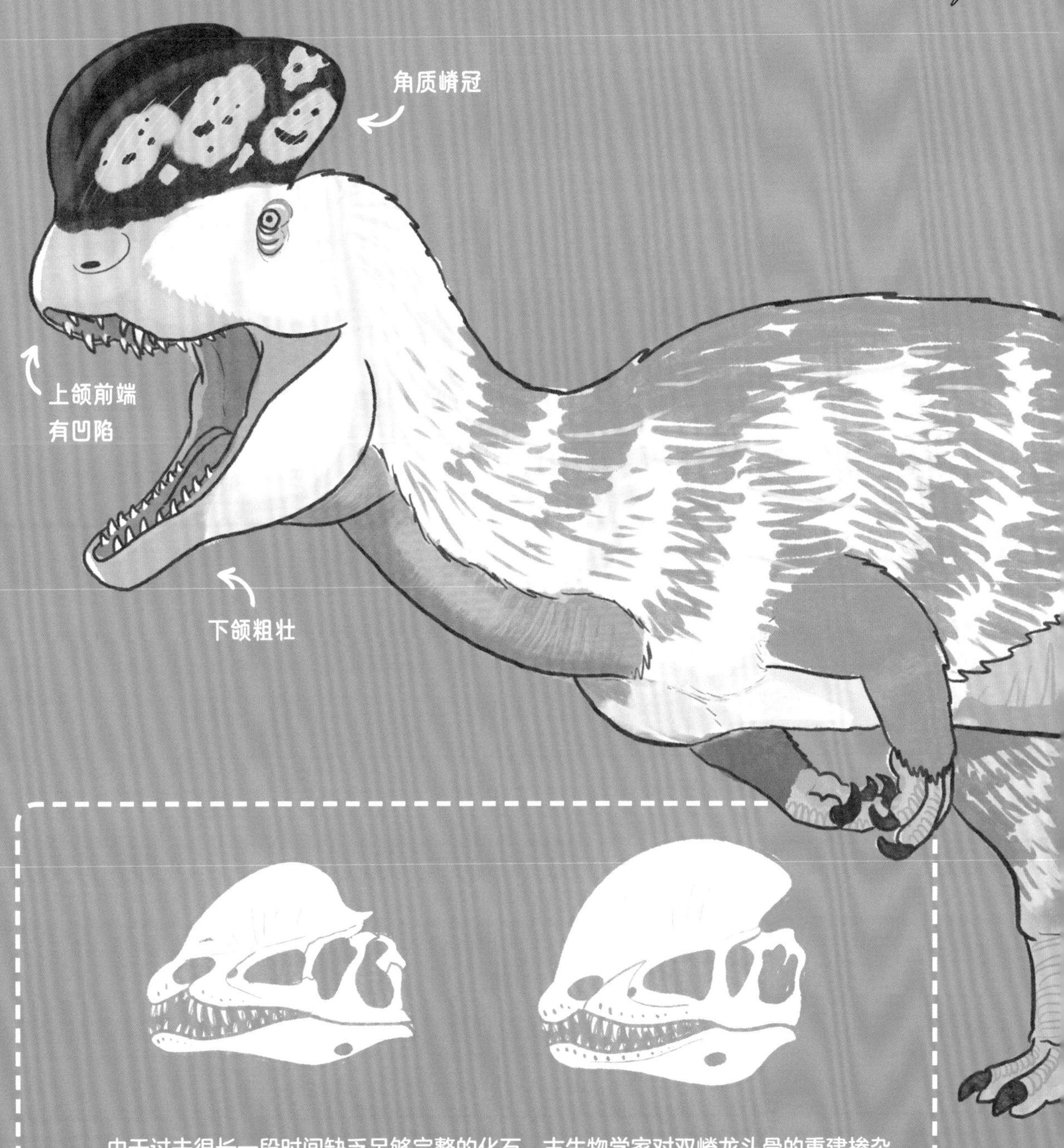

由于过去很长一段时间缺乏足够完整的化石，古生物学家对双嵴龙头骨的重建掺杂许多想象的成分（图左）。2021 年的一项新研究发现，双嵴龙的头骨比以往猜测的要强壮得多，这也让它们获得了咬穿骨头的力量（图右）。

云南饕客

牙痛的中国龙！

中国龙化石出土于我国云南，生活在距今 2.01 亿 ~1.96 亿年前的早侏罗世。古生物学家曾将中国龙视为北美洲的双嵴龙近亲，但如今人们认为它们之间的关系并没有那么近。

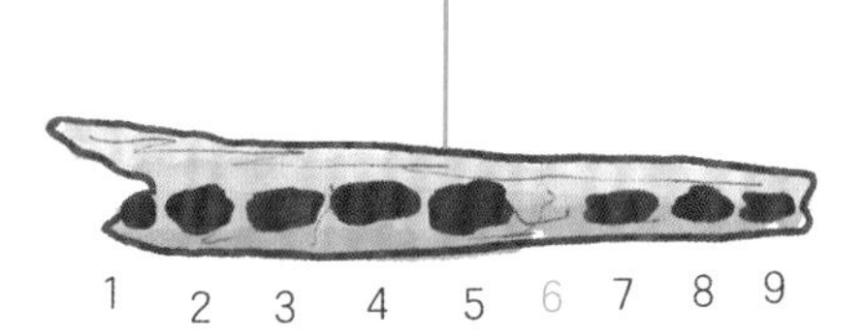

古生物学家在 2013 年观察到一具中国龙的右侧上颌存在牙齿疾患：第六颗牙齿脱落，牙槽封闭。引起这种疾病的原因可能是某些剧烈的运动（如狩猎）导致牙齿受损，并且破坏了牙根和替换牙齿的牙胚，让新牙无法生长。受伤的牙窝被骨质填充，使得牙窝封闭。这一化石证据表明这只中国龙生前曾饱受牙病的困扰，长时间受到牙痛的折磨。

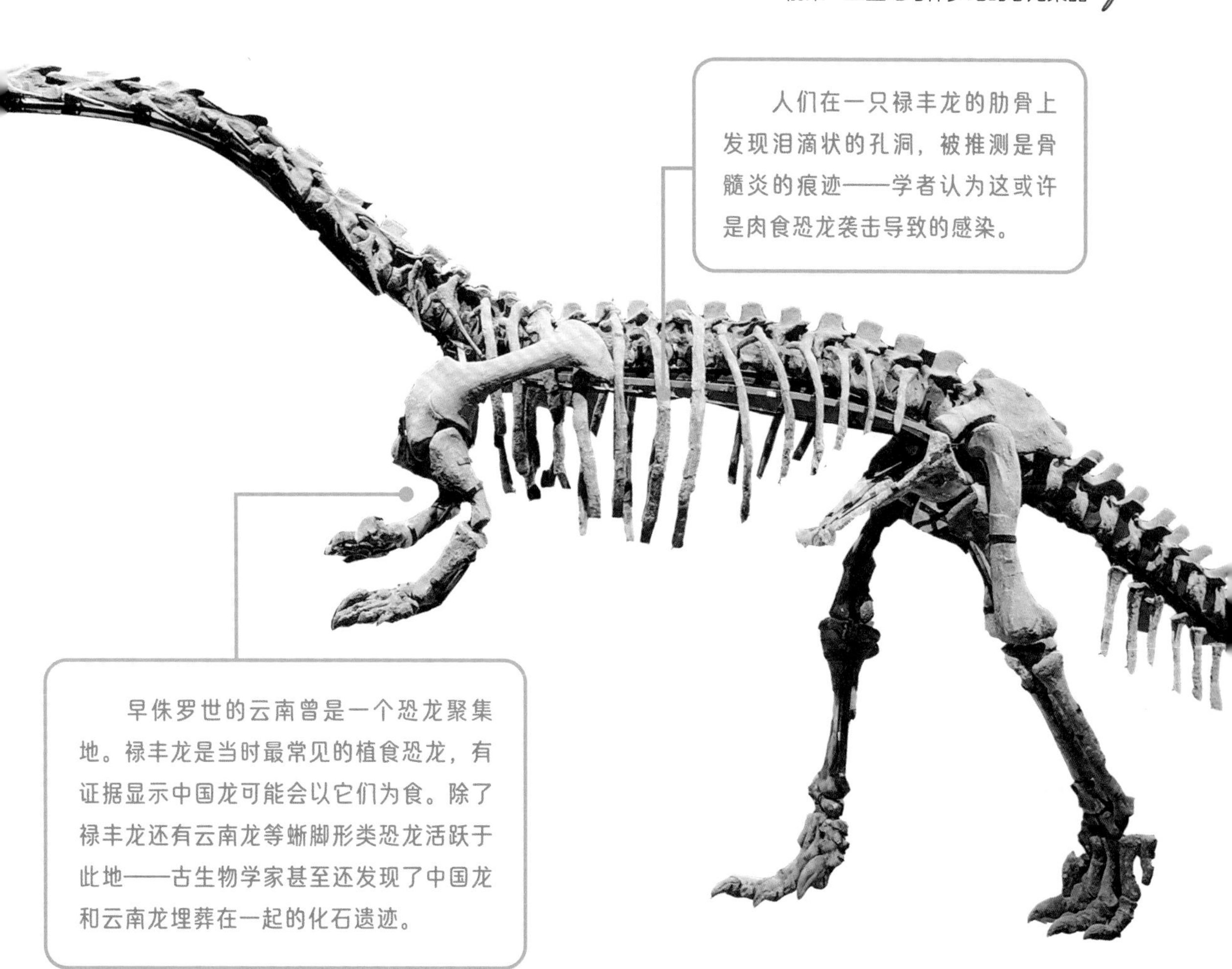

人们在一只禄丰龙的肋骨上发现泪滴状的孔洞，被推测是骨髓炎的痕迹——学者认为这或许是肉食恐龙袭击导致的感染。

早侏罗世的云南曾是一个恐龙聚集地。禄丰龙是当时最常见的植食恐龙，有证据显示中国龙可能会以它们为食。除了禄丰龙还有云南龙等蜥脚形类恐龙活跃于此地——古生物学家甚至还发现了中国龙和云南龙埋葬在一起的化石遗迹。

齿窝封闭在恐龙中较为罕见，但在哺乳类动物如灵长类动物中常可以观察到。动物学家表明，有些狐猴也存在类似的病理表现，导致这种疾病的原因可能是长期使用一侧的某几颗牙齿啃食较坚硬的食物。

新兽脚类
腔骨龙科
双嵴龙科
角鼻龙类
鸟吻类
中国龙
坚尾龙类
俄里翁龙类

尽管长相和北美洲的双嵴龙十分类似，但古生物学家发现中国龙和双嵴龙在许多解剖结构上存在显著差异，两者并非近亲。不仅如此，专家们还发现中国龙可能是更进步的坚尾龙类的一员，而双嵴龙的分类位于演化树上更加原始的位置。2015 年，我国古生物学家曾对中国龙的嵴冠进行受力研究，观察到这对嵴冠相对薄弱，并不适合撞击，因此不大可能是用来打斗的武器，更可能是求偶的装饰。

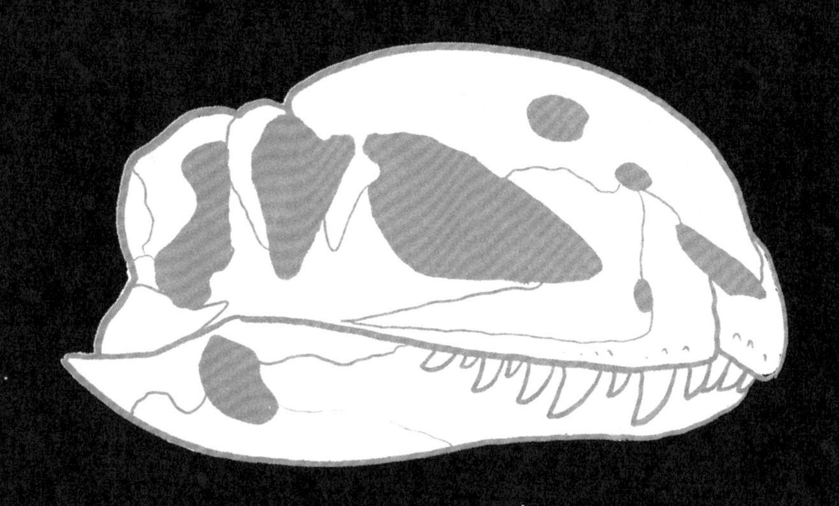

云南作为我国重要的化石宝库，总能给人们带来惊喜。2023 年，我国古生物学家公布了一件在云南新发现的中国龙头骨化石。这件标本十分完整，填补了中国龙头骨复原的空白。

不少学者相信中国龙和双嵴龙的嵴冠可能和现代犀鸟脑袋上的头冠类似，表面覆盖着角质物。

侏罗纪的死亡陷阱

史前新疆凶案还原

1.6 亿年前的新疆准噶尔盆地曾是恐龙活跃的乐园，这里能看到亚洲巨龙——马门溪龙。然而马门溪龙踩在泥地里留下的脚印有时却成为其他动物丧命的死亡陷阱：对于小动物而言，泥地上的脚印坑太深，一旦陷入就难以挣脱，最终被泥水吞没。而动物尸体又吸引来掠食者，同样陷入泥沼无法逃脱，最终形成了惨烈的化石遗迹。

难逃泥潭

泥潭龙是一种小型兽脚类恐龙，属于西北阿根廷龙科。古生物学家在新疆石树沟组地层的脚印坑里，发现了大量丧生的泥潭龙：其中一个坑甚至同时埋藏了 9 只不同年龄的泥潭龙。

冠龙得名于脑袋上的头冠，这些头冠较薄，而且中间有腔隙，所以不适合打斗和捕猎，更大的可能是吸引异性用的装饰。

天下没有免费的午餐

冠龙是最原始的霸王龙超科恐龙之一，是霸王龙的远亲。和白垩纪的亲戚相比，仅有 3 米长的冠龙个头小得多，而且霸王龙家族著名的“小短手”此时也还未出现。深陷泥潭的泥潭龙尸体吸引了冠龙的到来，后者也因此命丧其中。

在我国新疆地区晚侏罗世早期的地层中，古生物学家发现了 3 个不同寻常的化石骨床。这些骨床的沉积环境显示曾经都是充满泥浆的泥坑，被推测是大型蜥脚类恐龙在泥潭踩踏留下的脚印所形成的。研究人员在这 3 个坑中发现了大量“受害者”：包括 15 只泥潭龙、2 只冠龙、1 只未命名的兽脚类恐龙、1 只未确认身份的鸟臀类恐龙、2 只史前鳄类、2 只史前哺乳类、3 只三瘤齿兽类以及 1 只龟类。这些动物都是体长小于 3 米，身高小于 1 米，体重小于 100 千克的小型动物，它们因为各种原因被吸引到泥潭边，最后命丧坑内堆叠形成奇特的化石奇观。

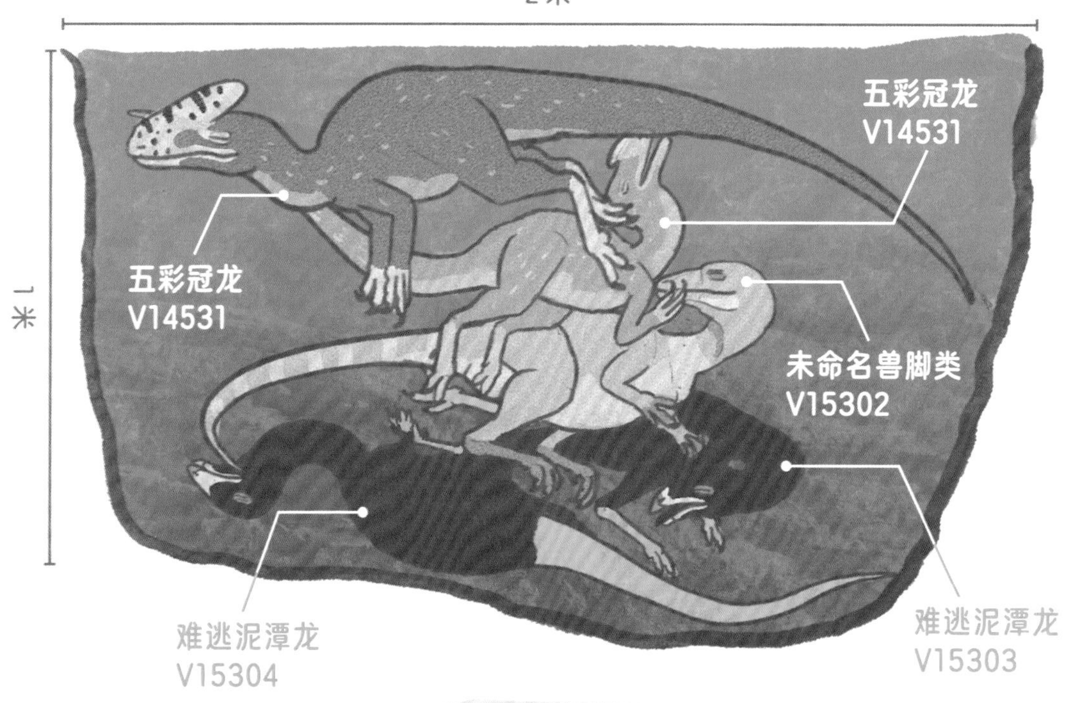

“死亡之坑”

编号 TBB2002 的骨床遗迹，因保存有 3 种较完整的兽脚类恐龙化石而闻名于世（包括 2 只冠龙，2 只泥潭龙和 1 只未命名的兽脚类恐龙）。这处称为“死亡之坑”的遗迹约 1 米深，2 米宽，狭窄的空间里挤着 5 具恐龙化石。专家推测，素食的泥潭龙可能是失足掉落到泥潭中，而肉食性的冠龙则被尸体吸引过来，最终因贪嘴丢了小命。

霸王龙超科

原角鼻龙科

冠龙在这

帝龙

泛霸王龙类

大盗龙类

真霸王龙类

霸王龙在这

霸王龙科

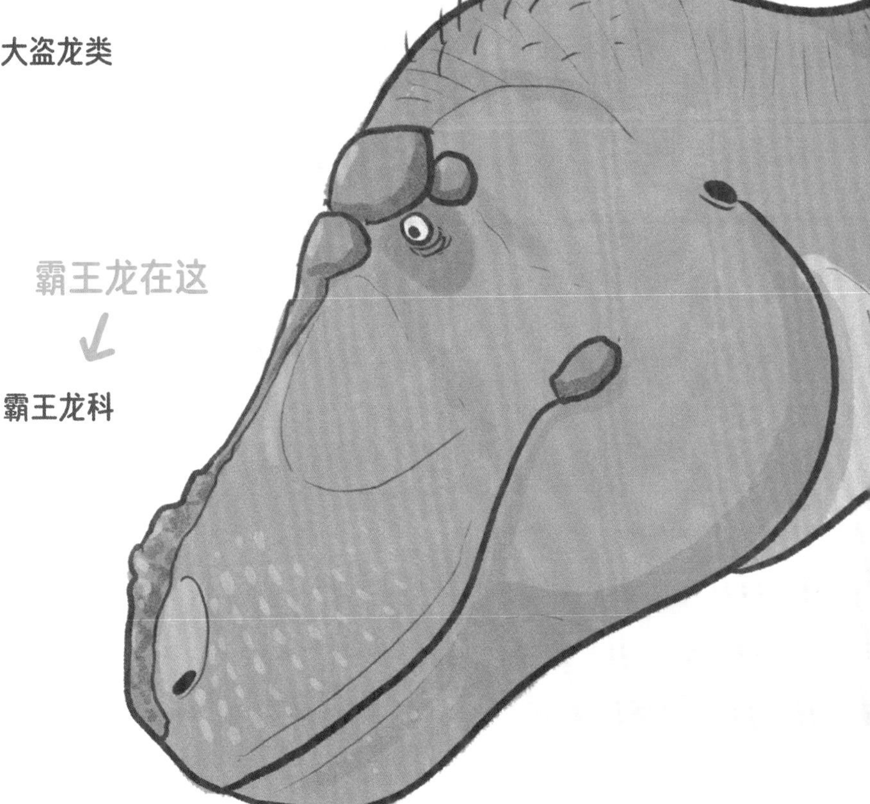

一些新闻中常把冠龙描述成“霸王龙的祖先”，其实从分类上看，冠龙属于霸王龙超科中的原角鼻龙科，只是霸王龙家族的早期分支。而霸王龙属于霸王龙科，两者关系其实较远，冠龙并不是霸王龙的直系祖先。

成龙套餐和幼龙套餐

成年幼年饮食大不同!

成年恐龙和恐龙宝宝吃的东西一样吗？幼年阶段的恐龙个小体弱，面对强大的成年恐龙处于弱势。所以有不少恐龙宝宝为了避开与成年恐龙的竞争，会选择和后者不大一样的食物。这种长幼迥异的食物偏好出现在很多恐龙身上——来自晚侏罗世的泥潭龙宝宝就是如此：幼年泥潭龙口中长有牙齿，可能是以蜥蜴、昆虫等小动物以及植物为食的杂食动物；而成年泥潭龙口中无牙，吻前有喙，或许是以植物为主食的素食者。这种从杂食动物向植食动物的转变，体现了恐龙的生存之道。

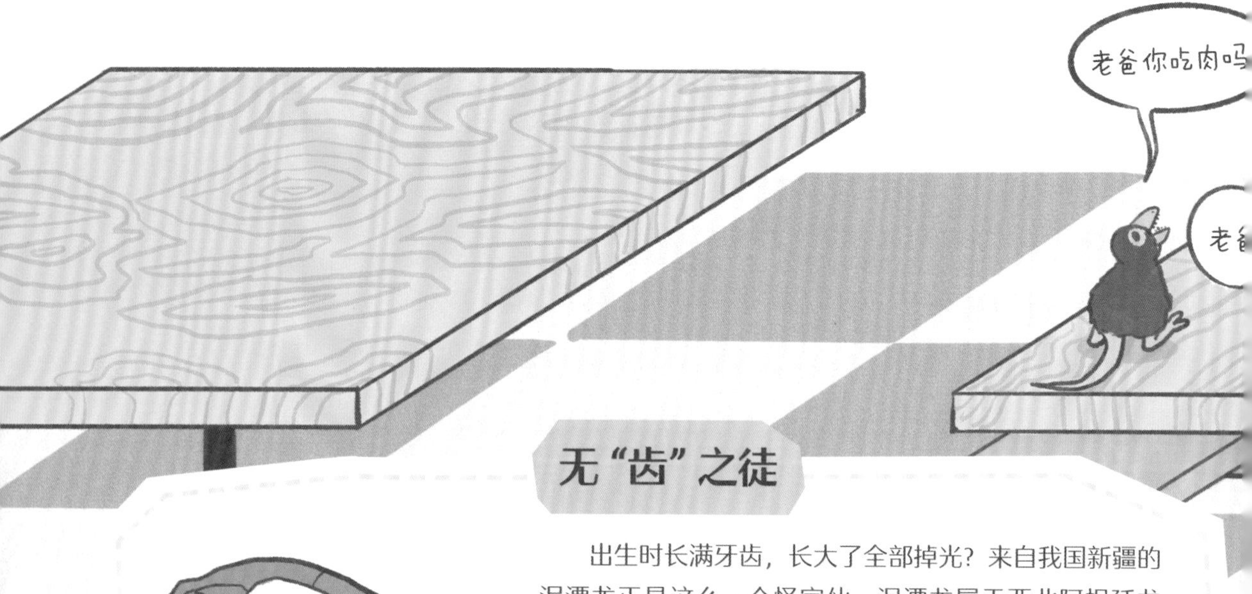

无“齿”之徒

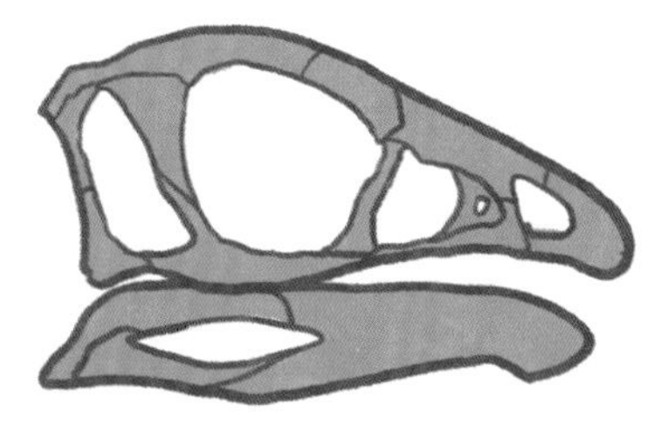

出生时长满牙齿，长大了全部掉光？来自我国新疆的泥潭龙正是这么一个怪家伙。泥潭龙属于西北阿根廷龙科，幼年时头骨较短，口中长有 40 多颗牙齿；到了 1 岁，虽然牙齿仍有 30 多颗，但已经开始脱落；成年之后口中牙齿全部掉光。不仅如此，除了牙齿变化，泥潭龙的头骨也随着年龄增长而变化：头部变长，下颌前弯，吻部前端可能长有角质喙。

成年泥潭龙体长 1.5~1.7 米，体重接近 15 千克，看起来只有一条狗般大。古生物学家在成年泥潭龙的腹中发现了胃石，表明成年泥潭龙或许以植物为食。

泥潭龙前肢短小，拥有 3 根手指，但第一指几乎完全退化，手掌看起来只有两根手指存在。

成年和幼年恐龙存在饮食差异，可不止泥潭龙。2018 年，古生物学家公布了一项关于一只叫“安德鲁”的梁龙宝宝的研究。它的出现为人们研究恐龙饮食随年龄变化的情况提供了宝贵的线索。

宝宝套餐

梁龙宝宝“安德鲁”的化石出土自美国蒙大拿州，其头骨仅长 24 厘米，年龄估计仅为 5 岁。从头骨上看，“安德鲁”的吻部较短，吻部较尖，牙齿数量很多，后方的牙齿呈铲状，眼睛比例也较大。这样的特征表明它们能采食的植物很丰富，除了树叶，即使是较坚硬的植物茎和枝干也能入口。专家推测，梁龙宝宝或许更喜欢在树木丛生的森林里活动。

长大成龙

最大的成年梁龙头骨长度可达60厘米，和“安德鲁”相比，它们的脑袋更扁更狭长，吻部更宽，牙齿集中于吻部前端，呈朝前的细钉状。这些特征显示它们通过拉拽的动作扯下树枝上的嫩叶，牙齿上的磨痕也表明成年梁龙会啃食地面的低矮蕨类植物。和幼年梁龙相比，成年梁龙更擅长处理柔嫩的植被，选取的食物类型也相对固定。它们可能更青睐于在广阔的稀树平原活动。

梁龙的脑袋狭长，牙齿位于吻部前端。牙齿划痕显示梁龙会采食地面的蕨类植物，但它可能也会以远离地面的植物为食。梁龙习惯顺着一个方向将叶片从枝条上“撸”下来吃。

迷惑龙和梁龙同属梁龙科，牙齿也仅分布在吻部前端。但迷惑龙的嘴巴宽大，植物的选择可能更加丰富。迷惑龙或许会一大口咬下植物的枝叶。

餐厅建在哪层?

不同高度的植食恐龙

莫里森组是横亘于北美洲西部的侏罗纪地层，因出土了大量精美完整的恐龙化石而闻名于世。古生物学家在莫里森组发现了种类繁多的蜥脚类恐龙，同为素食者的它们要怎样避开竞争呢？科学家告诉我们，不同的身高、嘴部结构和牙齿形态是它们觅食的关键。

圆顶龙吻部较钝，口中有凿状牙齿，不仅前端有分布，嘴部的两侧也有。圆顶龙可能会选择质地更坚硬的植物，它会用牙齿将枝条和树叶“剪”下来送入口中。

腕龙的牙齿和圆顶龙的类似，也呈凿状，可以从树梢“剪”下枝条。较高的个头让腕龙喜欢以高处的叶子为食，通常选择 5 米以上的植物，以此避开与其他蜥脚类恐龙的竞争。

长长的脖子几乎是蜥脚类恐龙的标志。蜥脚类恐龙中的大多数成员都有着修长的脖子，有些种类甚至有多达十几节颈椎构成的、长达十几米的长脖子，绝对称得上是地球有史以来最长的脖子。这些长脖子通常被认为是协助采食高处的树叶，也有学者相信长脖子也能用于同类间的打斗和向异性展示等作用。

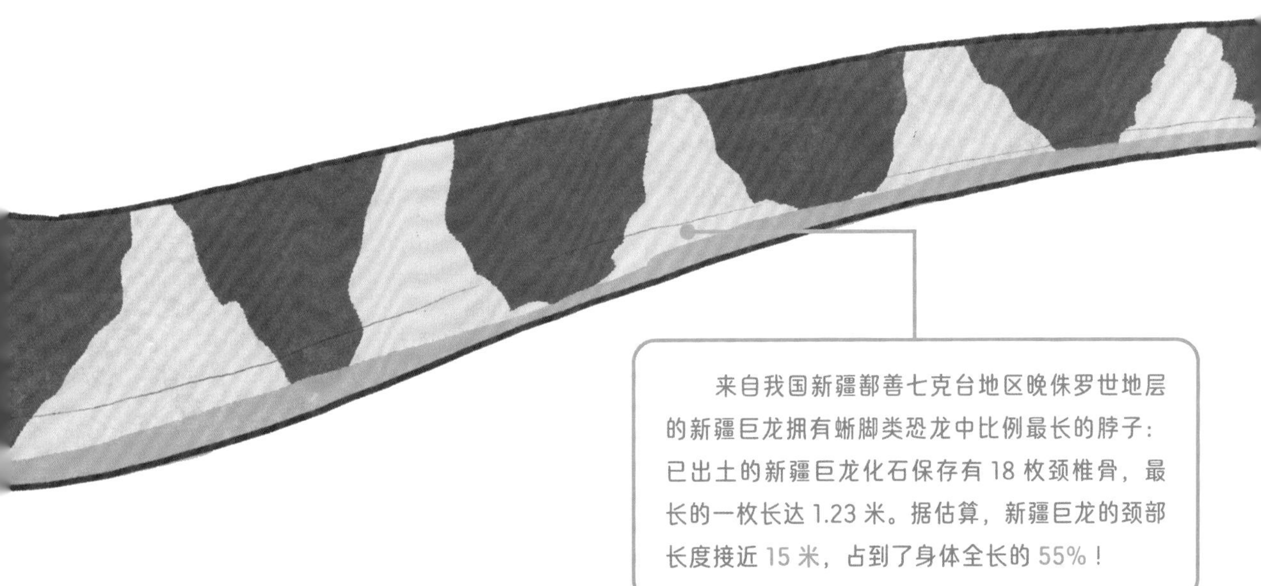

来自我国新疆鄯善七克台地区晚侏罗世地层的新疆巨龙拥有蜥脚类恐龙中比例最长的脖子：已出土的新疆巨龙化石保存有18枚颈椎骨，最长的一枚长达1.23米。据估算，新疆巨龙的颈部长度接近15米，占到了身体全长的55%！

长颈家族

现今脖子最长的动物是非洲草原上的长颈鹿，颈长约2米。这一冠绝今日的数据在蜥脚类恐龙面前可谓是小巫见大巫：腕龙、长颈巨龙和超龙等蜥脚类恐龙都因长脖子声名在外。中国恐龙也不乏长脖子的家伙：除了上图的新疆巨龙，出土自我国甘肃的大夏巨龙颈长11米，来自河南的汝阳龙颈长12米，都是亚洲数一数二的长脖子。来自南美洲的巴塔哥巨龙有着11.7米的长颈，而一具北美洲的重龙化石标本显示其脖子长度可达惊人的16米！

并非所有蜥脚类恐龙都拥有长脖子——蜥脚类恐龙中脖子最短的成员是哪位呢？来自晚侏罗世阿根廷的短颈潘龙脖子仅1米长，只占到全长的12%。短短的脖子表明短颈潘龙以低矮的植被为食，与长脖子的亲戚有着迥异的饮食偏好。

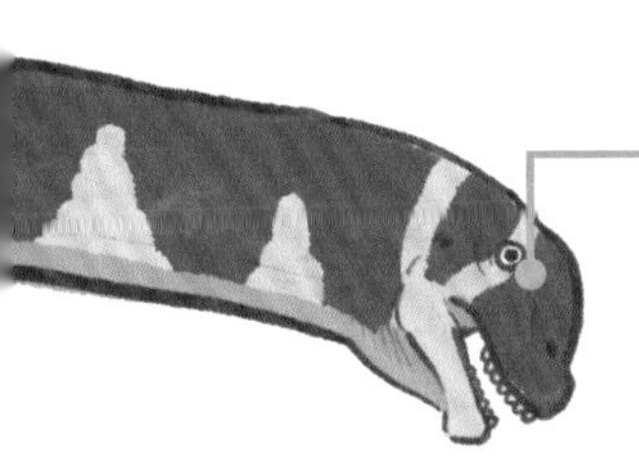

尽管蜥脚类恐龙拥有陆生动物中最大的体形和最长的脖子，但它们几乎都有着一个小脑袋——这也意味着它们的大脑比例很小，智商可能并不高。

史前潜水艇？

在一些老式的恐龙复原图（右图）中，常常可以看到蜥脚类恐龙泡在水中，从水面伸出长长的脖子，用头顶的鼻孔呼吸空气，好似潜水艇探出潜望镜。为何会有这样的设计呢？在过去很长一段时间里，古生物学家认为蜥脚类恐龙的身材太过庞大，在陆地上难以承担身体巨大的重量，因此它们或许和鲸鱼一样可以借用水的浮力。但目前的研究表明，蜥脚类恐龙的身体结构足以承担重量，而且鼻孔的位置位于前端而非顶部，喜爱的食物也多为陆生植物而非水生植物。这些陆地巨人的诞生和繁盛书写了大自然的神奇。

牙齿

与鸭嘴龙类恐龙不同，蜥脚类恐龙的牙齿并不适合咀嚼，它们基本都靠撕扯和剪切获得植物。这意味着它们不需要花费时间咀嚼，只要狼吞虎咽就行。不仅如此，总体来看，吃素的蜥脚类恐龙换牙速度也比肉食恐龙快得多。

嘴部

蜥脚类恐龙的嘴部依据不同的食物种类有着不同的形状，但都是为了方便采食植被：有些适合扯下枝条上的叶片，有的适合剪下枝干，还有的可以把地表的植物铲挖入口里。

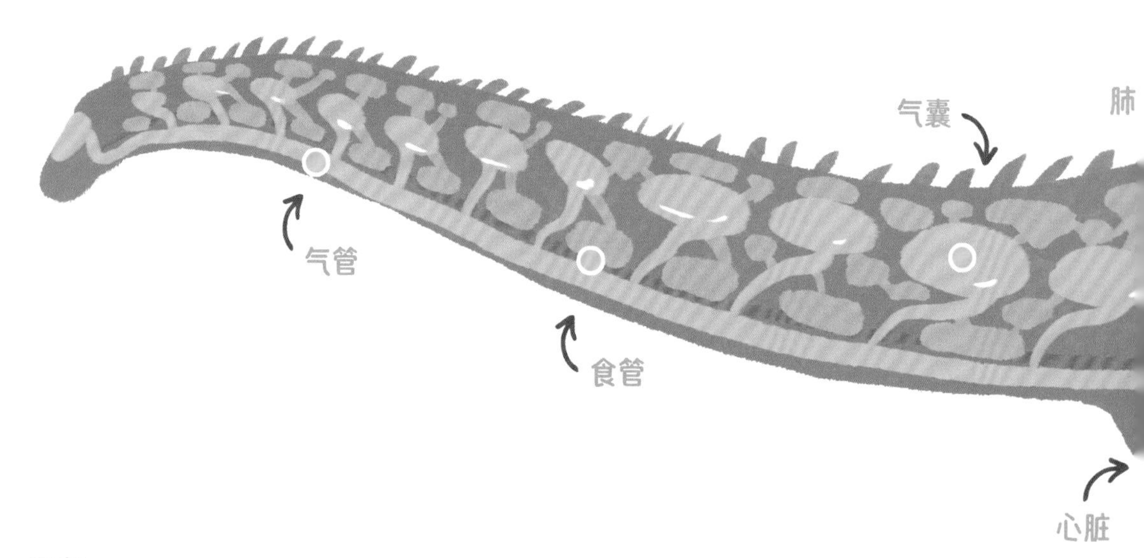

颈部

长脖子是大多数蜥脚类恐龙的特征。长长的颈部可以让这些陆地巨兽无须走动很长的距离就能获得较大范围内的食物，大幅减少了移动所需要的能量。

生长发育

研究显示，蜥脚类恐龙的在成年之前就可以达到性成熟，拥有繁殖后代的能力。有些蜥脚类恐龙从出生至发育成熟，体重差距可达数十万倍。

心脏

想要驱动巨大的躯体，需要一颗强大的心脏。据推测蜥脚类恐龙的心脏体积是大象的数十倍，以获得足够的力量泵出血液运送至全身。

肺和气囊

尽管蜥脚类恐龙的骨骼看起来十分笨重，但其内部往往带有空腔。这些空腔内含有气囊，不仅可以减轻重量，也使它们有了和鸟类类似的呼吸系统，可以更高效地呼吸。

掠食者的压力

大部分蜥脚类恐龙都缺乏尖牙利爪或是铠甲和犄角等应对掠食者的武器，因此硕大的个头成为抵御掠食者最实用的工具。

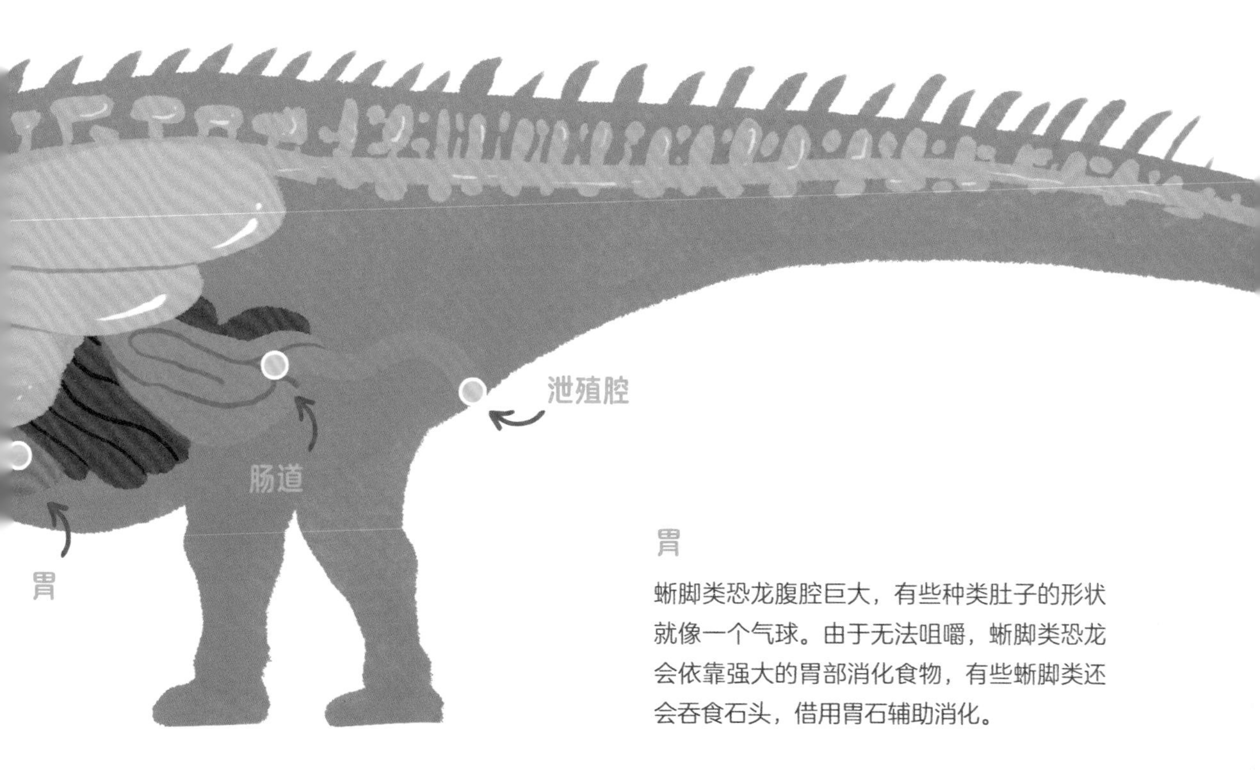

胃

蜥脚类恐龙腹腔巨大，有些种类肚子的形状就像一个气球。由于无法咀嚼，蜥脚类恐龙会依靠强大的胃部消化食物，有些蜥脚类还会吞食石头，借用胃石辅助消化。

肠道

古生物学家推测，蜥脚类恐龙可能普遍有着后肠发酵系统，这代表着食物在它们的胃部停留时间较短，进入肠道后会借助菌群协助发酵分解。

炭烤异特龙腿

同类相食是肉食恐龙的常见行为，异特龙也不例外。在多具异特龙骨骼上发现了被同类咬伤的痕迹。

异特龙的菜谱

侏罗纪顶级掠食者最爱吃什么?

白灼剑龙尾

古生物学家在剑龙骨板上发现了U型咬痕，与异特龙嘴部的形状相匹配，然而剑龙也会用尾刺回击。

史前肺鱼刺身

龙杂烩汤

研究人员在梁龙的骨头上发 了异特龙的齿痕。它们是异特 最喜欢的美食之一。

凉拌迷惑龙脚

异特龙生活在 1.55 亿 ~1.45 亿年前晚侏罗世的北美洲和欧洲，属于兽脚类中的异特龙科。异特龙体长 7~10 米，和一辆巴士差不多长，称得上是一种大型肉食恐龙。作为彼时常见的恐龙，古生物学家目前已发现大量异特龙化石，其中不乏指示其饮食习惯的重要证据。化石显示异特龙是一种活跃的掠食者：人们在剑龙的骨板上观察到了 U 型的咬痕，符合异特龙嘴部的形状。但剑龙也不是好惹的家伙，在另一件异特龙的化石标本上，科学家发现了一个带有伤口的尾椎，受伤的痕迹与剑龙的尾刺形状对应。除了剑龙，梁龙、迷惑龙和圆顶龙等植食恐龙也是异特龙喜爱的美食，它们的化石上也留有不少异特龙的齿印或是化石周围残留有异特龙的牙齿。有趣的是，鱼类也是异特龙的小零食。在著名的异特龙标本“大艾尔 2 号（Big AL II）”的腹中，研究人员鉴定出了史前肺鱼的残骸。

牙齿

如牛排刀般锋利的牙齿边缘带有锯齿，是异特龙捕猎的利器。

蛮龙是与异特龙共存的肉食恐龙，它们也是晚侏罗世个头最大的兽脚类恐龙之一。但古生物学家在蛮龙的尸骸上发现了可能是异特龙留下的咬痕——后者或许只是捡食了尸体。

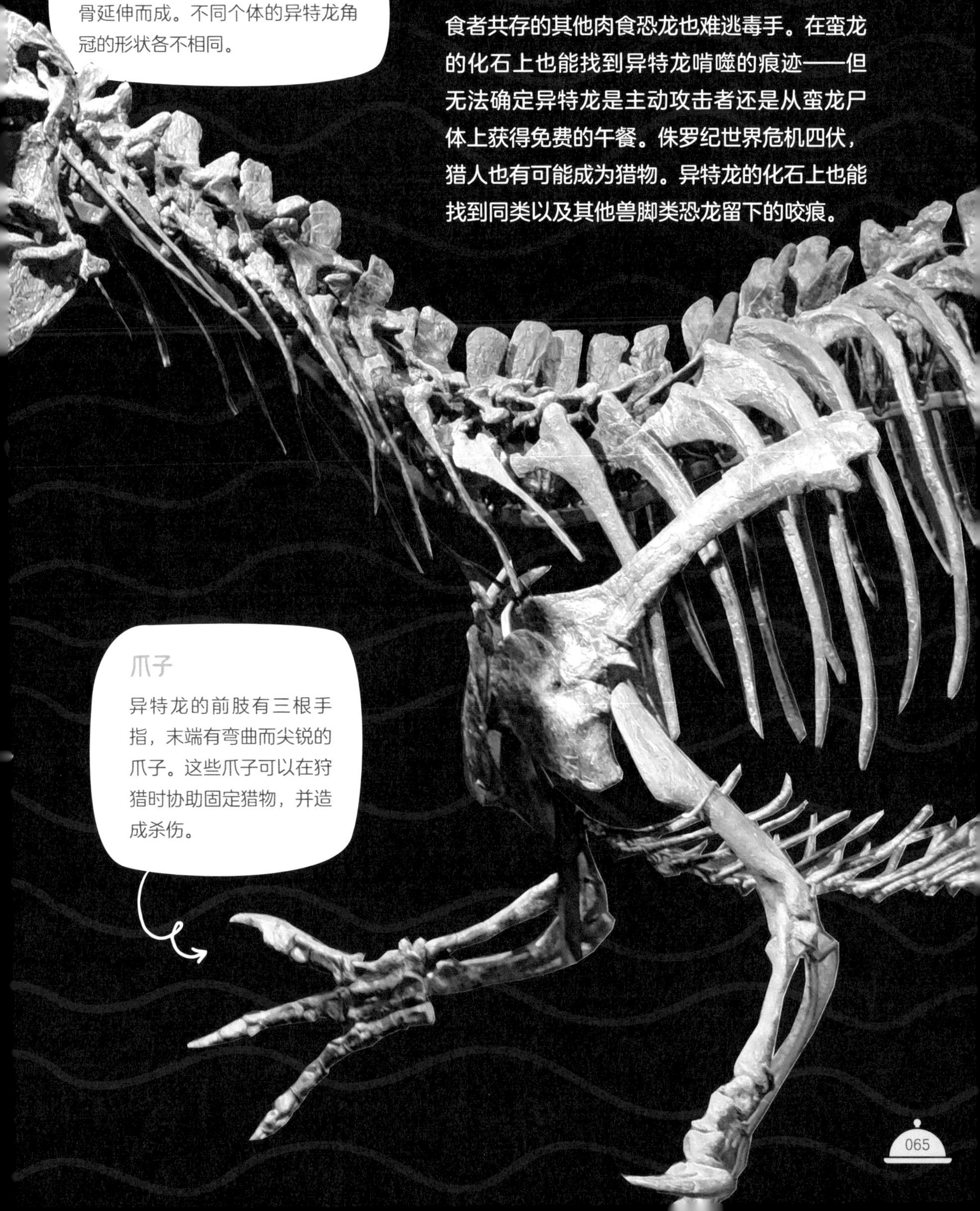

角冠

异特龙的脑袋上有角质嵴冠，由泪骨延伸而成。不同个体的异特龙角冠的形状各不相同。

不仅是植食恐龙命丧异特龙口，和这位掠食者共存的其他肉食恐龙也难逃毒手。在蛮龙的化石上也能找到异特龙啃噬的痕迹——但无法确定异特龙是主动攻击者还是从蛮龙尸体上获得免费的午餐。侏罗纪世界危机四伏，猎人也有可能成为猎物。异特龙的化石上也能找到同类以及其他兽脚类恐龙留下的咬痕。

爪子

异特龙的前肢有三根手指，末端有弯曲而尖锐的爪子。这些爪子可以在狩猎时协助固定猎物，并造成杀伤。

侏罗猎龙是种生活在德国索伦霍芬的小型兽脚类恐龙，索伦霍芬细腻的岩层让它们的化石都完整地保存了下来，甚至羽毛和鳞片细节都清晰可见。2020 年的一项研究显示，侏罗猎龙的尾巴两侧有一些感受器，和鳄鱼鳞片里的感觉器官十分类似。这些感受器连接着神经末梢，可以感受水波的振动，从而判断水下猎物的位置。

鲨鱼大餐

杂肋龙的化石出土于法国晚侏罗世的地层，属于兽脚类中的巨齿龙科。古生物学家曾在杂肋龙的胃内容物中发现了 10 颗胃石、多尖齿鲨的牙和一些软骨鱼类的碎片。这些鱼类可能是被海浪冲上岸的尸体，杂肋龙享用免费的午餐。

侏罗纪的赶海者

有什么好吃的？来海边逛逛吧！

大部分恐龙都是机会主义者，它们不会错过一切能入口的食物。如果不知道哪里能找到食物，就去海滩看看吧！晚侏罗世的欧洲被浅海环绕，由星罗棋布的岛屿组成。海水孕育了不可胜数的海洋生物，也吸引来许多掠食者。古生物学家在杂肋龙的腹中发现了史前鲨鱼遗骸，很可能是捡食冲到岸上的鲨鱼尸体。

赶海需谨慎

始祖鸟生活在 1.5 亿 ~1.48 亿年前晚侏罗世的德国南部，彼时那里曾是浅海环绕的岛屿。这些岛屿上生长着苏铁、低矮的松树和灌木，各种昆虫和小蜥蜴穿梭其间。个头娇小的始祖鸟是个灵活的猎手，它会在海滩边捕捉各种小动物。然而一些始祖鸟遭遇暴风雨，缺乏屏障的空旷海滩让它们无处可藏。这些始祖鸟被风暴吹落至岸边的泻湖，泻湖中低氧和高盐的环境让它们的尸体不易被细菌分解破坏，细腻的泥沙将它们掩埋，最终形成化石。始祖鸟仿佛进入了时间的封印，时隔亿万年还能将羽毛的细节展现给我们。

海王龙是不折不扣的海洋美食家，除了偶尔拿掉入海中的恐龙打打牙祭，古生物学家已在它们的胃内容物中发现：硬骨鱼类、软骨鱼类、蛇颈龙类、史前海龟、海鸟甚至其他沧龙的尸体，并且在巨型头足类身上也发现了它们的咬痕。

恐龙亦是大餐

有些生活在海边或是河边的恐龙，由于各种原因死后尸体掉入水中，冲刷入海，最终成为一些海生动物的食物。在阿拉斯加的一只鸭嘴龙类恐龙的化石上，人们发现了海王龙（一种沧龙类动物）的咬痕。古生物学家在一根属于蜥脚类恐龙的鲸龙的股骨上，发现了斗蜥鳄（一种海鳄类动物）的牙印。甚至连鱼类也对恐龙下手——在白垩尖吻鲨（一种史前掠食型鲨鱼）的腹中人们也发现了鸭嘴龙类的破碎龙和甲龙类的尼奥布拉拉龙的残骸。

近鸟龙的冰箱

近鸟龙爱吃啥？

近鸟龙出土于我国辽宁1.6亿年前的晚侏罗世地层，属于兽脚类恐龙中的鸟翼类近鸟龙科，是一种和鸟类亲缘关系很近的恐龙。近鸟龙的个头很小，只和乌鸦差不多大，但上百件化石标本让古生物学家对它们有了非常深入的了解。研究人员从至少6只近鸟龙的喉部或腹腔观察到食茧的痕迹——这是部分现代鸟类进食后将无法消化的骨骼、皮毛和残渣等残留物吐出的团状物，在非鸟恐龙中尚属首次发现。近鸟龙的食茧告诉我们，这些可爱的小家伙平时会吃蜥蜴和鱼。

蜥蜴

古生物学家在近鸟龙的食茧中发现了蜥蜴的残骸。

鱼类

食茧中同样发现了鱼类的鳞片和骸骨。当地丰富的水产也是近鸟龙重要的食物来源。

许多现代鸟类（如猫头鹰）有吐食茧的习惯。食茧包含了食物中较硬的、难以消化或营养价值较低的部分，比如食物的骨骼、爪、甲壳、牙齿或种子的外壳。这些残渣通常会被毛发或植物的纤维包裹，挤压成小球状的块状物，最终从口内吐出。由于食茧内包含了鸟类平时摄入的食物，所以通过鉴定食茧内的成分，动物学家可以判断这些食茧是哪种鸟类产生。

侏罗纪的食茧

2018 年，古生物学家对 6 只近鸟龙化石标本进行观察，发现它们的咽喉部或腹腔内拥有独特的块状物。初步鉴定，这些块状物正是和鸟类食茧类似的物质。从近鸟龙食茧中，研究人员发现了蜥蜴的骸骨以及鱼鳞、鱼骨。怎么判断这些食物残骸不是刚刚入口的而是经口吐出的呢？学者们观察到，这些食茧中的蜥蜴残骸骨骼，而且来自不同个体，并不符合猎物刚刚吞入时应该存在的状态。

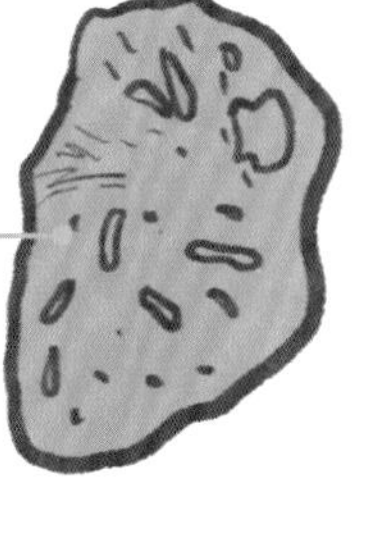

化石中的食茧保存在咽喉部仍未来得及吐出。

一块近鸟龙的食茧中鉴定出数个蜥蜴的股骨，至少来自 2 只大蜥蜴和 1 只小蜥蜴。

树栖者还是陆地猎手?

许多原始的带羽毛恐龙及鸟类都展现了树栖的习性。因此，近鸟龙发现之初古生物学家也认为它们是树栖恐龙。然而随着研究的深入，古生物学家发现近鸟龙的腿脚很长，比例更接近生活在陆地的兽脚类恐龙。不仅如此，在激光诱导荧光技术的辅助下，专家们在近鸟龙等恐龙的脚趾上观察到脚垫和鳞片的痕迹。与小盗龙、孔子鸟及现代猛禽的足部对比，人们发现近鸟龙的脚垫虽发达，但不如猛禽突出，并不适合抓握。而且近鸟龙的趾爪较平，弯曲程度不大，和树栖动物并不一样。由此观之，近鸟龙是个平时更倾向于在地面生活的猎手。

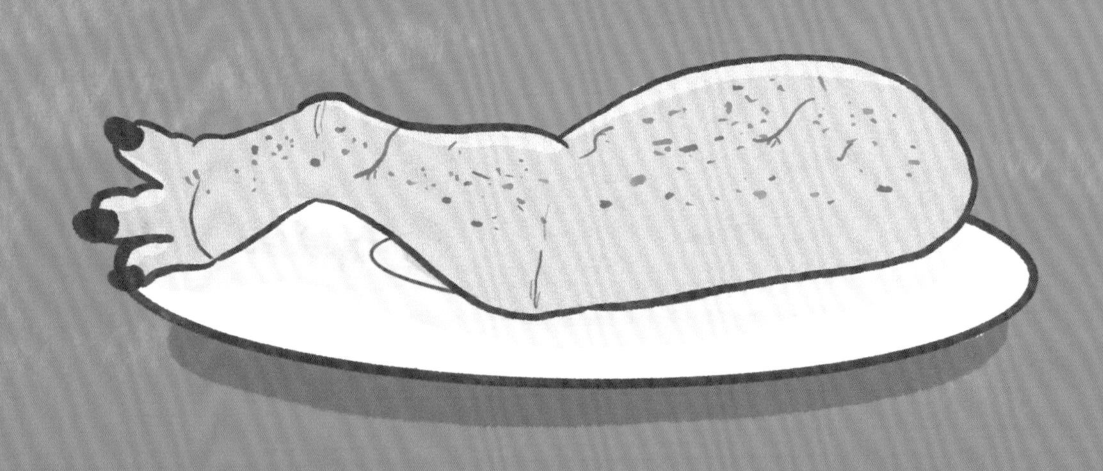

主菜

白垩纪的恐龙菜品

白垩纪是恐龙最繁盛的时代，也是非鸟恐龙灭绝前的最后一个纪元。霸王龙、三角龙、肿头龙……一个个耳熟能详的恐龙明星都在这个时代登场，上演了精彩绝伦的史前生存大戏。近 20 年来在我国东北地区出土的带羽毛恐龙化石更是引爆了恐龙研究的新热点，不仅为鸟类演化开启了新思路，还为古生物学家寻找恐龙的菜谱提供了新线索。清蒸三角龙、惠灵顿禽龙排，还有草原龙汉堡……翻开恐龙的菜谱，看看史前盛宴的主菜有哪些美味佳肴。

烤大凌河蜥

在一只中华龙鸟的胃部曾发现某种蜥蜴的颅骨，据鉴定其属于当地一种常见的蜥蜴——大凌河蜥。

手扒中国鸟龙

一只中华丽羽龙的腹腔保留它生前的最后一餐：一只中国鸟龙腿。中国鸟龙是一种小型驰龙科恐龙。

酱香龙爪

据古生物学家估测，中华丽羽龙吞噬的中国鸟龙身长约 1.2 米，可见前者是一个凶猛的掠食者。

中华丽羽龙是中华龙鸟的近亲，同属美颌龙科。体长达 2.37 米的中华丽羽龙是目前已知最大的美颌龙科恐龙之一。其腹腔内发现了不少猎物的残骸，其凶悍可见一斑。

白垩纪的东北菜

白垩纪的东北恐龙爱吃些啥?

热河生物群是近年来古生物学研究的热点，其中心位于我国东北地区，出土了大量带羽毛恐龙化石，其中不乏里程碑式的重大发现。1996 年，一种名为中华龙鸟的小恐龙横空出世，为鸟类的“恐龙起源说”提供了重要线索。随着研究的进展，人们不仅成功还原出中华龙鸟的颜色，也揭开了中华龙鸟饮食习惯的神秘面纱。

锅包古兽肉

在中华龙鸟的腹中发现了一些史前哺乳类的骸骨，包括张和兽、中国俊兽等。这些小动物可能是中华龙鸟的重要食物来源。

孔子鸟炖蘑菇

一只中华丽羽龙的肚中发现了 2 只孔子鸟的尸体。

中华龙鸟是人类发现的第一种带羽毛的恐龙，从它的名字就能看出来，起初古生物学家以为它是一种原始的鸟类。后来，人们才知道中华龙鸟其实是一种美颌龙科恐龙。美颌龙科属于蜥臀目中的兽脚类，广泛分布于晚侏罗世到早白垩世的欧亚大陆。美颌龙家族的成员个头普遍偏小，通常只有 1 米左右，但中华丽羽龙是个例外，体长超过 2 米的它在家族里堪称“巨人”。

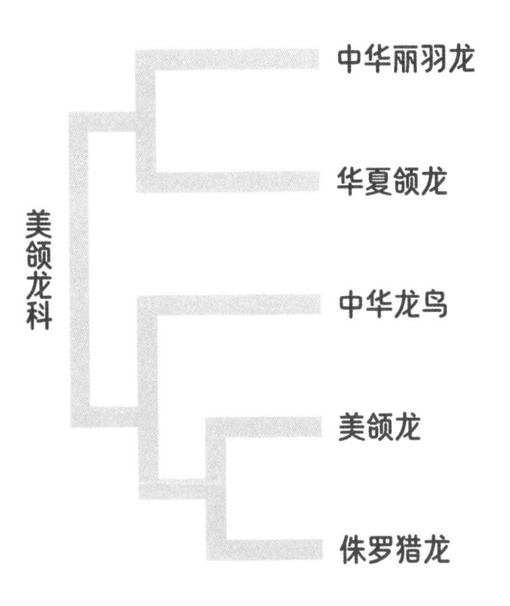

美颌龙科恐龙通常身材苗条、十分优雅，身上具有许多类似鸟类的结构特征。早在1868年，英国博物学家托马斯·赫胥黎就根据德国发现的美颌龙和始祖鸟化石进行对比，提出了“鸟类起源自恐龙”的假说。如今，古生物学家通过对美颌龙科恐龙化石上遗留的毛发、胃内容物、鳞片等信息进行研究，揭开了许多以往无法了解到的秘密。

中华丽羽龙的购物清单

中华龙鸟（右图）虽然名字带鸟，其实是根正苗红的美颌龙科恐龙。它们身长 60 厘米到 1 米，是一种个头小巧的兽脚类恐龙。中华龙鸟腹中发现了蜥蜴和古兽，这些猎物都是机警快速的小动物，可见中华龙鸟本身也是灵活迅捷的猎手。

中华龙鸟爱吃的古兽

张和兽

中华俊兽

中华丽羽龙堪称白垩纪的大胃王，古生物学家已在它的肚子里发现了中国鸟龙、孔子鸟（下图）和未确定的鸟臀目恐龙等诸多美食。由此观之，中华丽羽龙或许是种新陈代谢极度旺盛的恒温动物，需要大量进食以满足身体所需的能量。

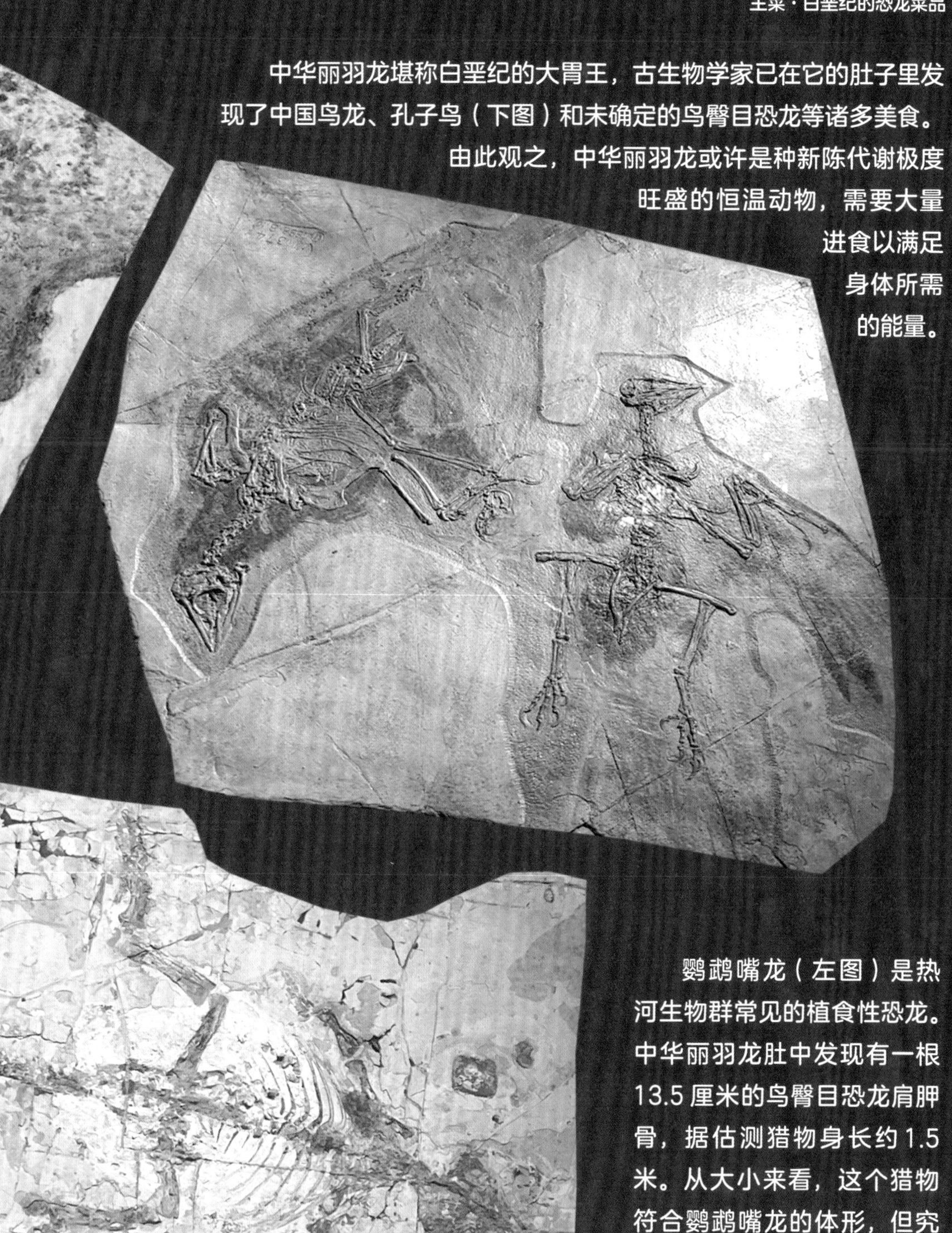

鹦鹉嘴龙（左图）是热河生物群常见的植食性恐龙。中华丽羽龙肚中发现有一根 13.5 厘米的鸟臀目恐龙肩胛骨，据估测猎物身长约 1.5 米。从大小来看，这个猎物符合鹦鹉嘴龙的体形，但究竟是不是鹦鹉嘴龙还需要更多化石证据来证明。

除了中华龙鸟和中华丽羽龙，东北还有一位食客十分引人注目：羽王龙。羽王龙属于霸王龙超科中的原角鼻龙科，是霸王龙的远亲。作为当地体形最大的肉食恐龙，有化石证据显示羽王龙敢于向巨大的蜥脚类发起挑战。

羽王龙的鼻子上有嵴冠。

目前已发现不少保存完整的羽王龙化石标本。它们的出现为古生物学家研究霸王龙家族的演化提供了宝贵的材料。

2012 年，我国古生物学家公布了一项研究：他们发现一段东北巨龙的肋骨上嵌入了一颗兽脚类恐龙的牙齿。东北巨龙是热河生物群的一种蜥脚类恐龙，也是当地个头最大的动物。但是巨人也难敌掠食者的袭击，一枚折断的肉食恐龙牙齿深深插入了它的肋骨——据估测其咬合力接近惊人的 888 千克。

结合化石的产地和存在的物种，专家推测牙齿的主人最有可能是早白垩世东北的顶级掠食者羽王龙。

长而锋利的牙齿是羽王龙捕猎的武器。

在羽王龙化石周围发现了羽毛印痕，可能在寒冷的栖息地起到保暖的作用。

与前肢只有 2 根手指的霸王龙不同，羽王龙有 3 根手指。

羽王龙化石最初发现时，是由三个个体相依而成。其中包含了成年、亚成年和幼年三个年龄段的羽王龙。目前有古生物学家认为，这或许是羽王龙群体狩猎的证据，这三只羽王龙在狩猎过程中死亡从而形成化石。但究竟是什么原因导致了这三位猎手同时死亡还是未解之谜。

有人以为，白垩纪是个气候温暖的时代，但羽王龙生活的我国东北地区却是个例外。2021 年，我国古生物学家张来明教授研究发现，由于板块挤压运动使辽宁西部地势抬升，海拔 2.8~4.1 千米，是中高海拔地区。这导致此地平均气温只有（5.9±1.7）℃，冬季甚至还会降雪，温度远远低于同时代大部分地区。独特的气候让这里的恐龙不得不面对气温的考验，于是它们纷纷用厚实的羽毛抵御寒冷。张教授相信，热河生物群的恐龙几乎全员披羽的原因正是低气温的缘故。羽王龙作为一种大型肉食恐龙，也和其他小型带羽毛恐龙一样穿上了一件暖和的大毛衣。

羽王龙属于霸王龙超科中的原角鼻龙科，是霸王龙家族的早期分支。尽管生于帝王家，但羽王龙的体

羽王龙的羽毛长度接近 20 厘米，是目前已知羽毛最长的恐龙之一。

形远小于霸王龙，手指数量为 3 根，展现出与后者不一样的特征。既然羽王龙有羽毛，那霸王龙会不会也有羽毛呢？专家给出了否定的答案：羽王龙长羽毛是为了保暖，但霸王龙生活的地区是闷热潮湿的亚热带气候，如果它们身披羽毛会把自己活活热死。不仅如此，古生物学家在霸王龙和特暴龙等大型霸王龙科恐龙的颈部、腹部和脚部等多个位置发现有鳞片痕迹，因此霸王龙全身披羽的可能性不大。

羽王龙与霸王龙体形对比。

史前哺乳类
8折
7折
12元/斤
狼鳍鱼

欢迎光临小盗龙市场

白垩纪的东北菜市场能买到什么?

小盗龙是一种小巧可爱的恐龙，生活在早白垩世的我国辽宁，属于兽脚类中的驰龙科。小盗龙因“四翼恐龙”的名号闻名于世，它们可能会用原始的翅膀在森林里滑翔。古生物学家已发现了许多关于小盗龙食性的化石证据（主要是胃内容物），其精细程度令古生物学界惊叹。无论是鱼类、史前蜥蜴，还是史前哺乳类和反鸟类，都是小盗龙爱吃的美食。

购物清单

反鸟类	1只
因陀罗蜥	1只
狼鳍鱼	2条
张和兽	1只

小盗龙的巩膜环显示它们或许是适应黑夜中活动的动物。

前肢长有长长的羽毛，黑素体显示小盗龙体色呈黑色，带有金属光泽。

趾爪弯曲而锋利，或许方便爬树。

四翼猎手

小盗龙是人类发现的第一种四翼恐龙，其独特的身体结构让人印象深刻。古生物学家已在小盗龙的腹中发现有小型哺乳动物、反鸟类、蜥蜴和鱼类的骸骨，猎物种类覆盖水陆空，可见小盗龙是一种狩猎技巧精湛的小猎手。与吐食茧的近鸟龙相比，人们尚未发现小盗龙也有类似的习性，它们可能会将猎物完全消化后，将残渣经粪便排出。目前，古生物学家已在我国东北地区发现了上百件小盗龙化石，凭借着丰富的化石储量，小盗龙也成为人类研究最深入的带羽毛恐龙之一。

尾巴末端有钻石形羽扇。

尾巴僵直而细长。

后肢也长有羽毛，人类发现的第一种四翼恐龙。

2011 年，古生物学家在一只小盗龙的肚子里发现了一只反鸟类的残骸。反鸟类是一个广泛分布于白垩纪的史前鸟类类群，名字来源自肩胛骨和乌喙骨联结处的关节面，关节面的方向与现

命丧龙口

2003 年，中美古生物学家在我国辽宁发现了一块带有胃内容物的小盗龙化石。然而在发现之初，人们并没有意识到胃内容物有何特别之处，直到 2019 年，专家们发觉胃中的残骸可能属于一个蜥蜴新物种。科学家将这种蜥蜴命名为因陀罗蜥，进一步的研究提示这只蜥蜴残骸十分完整，没有被胃酸腐蚀的痕迹，可能小盗龙在进食后不久就死去。值得一提的是，这只蜥蜴也是头朝前被吞入，结合之前反鸟类的残骸，学者们推测小盗龙习惯将猎物从头到尾吞入，这和现代的一些肉食鸟类的习性很类似。

因陀罗蜥得名于古印度的吠陀传说，古神因陀罗在一场战役中，被龙吞入口中。这里指因陀罗蜥被小盗龙完整吞下。

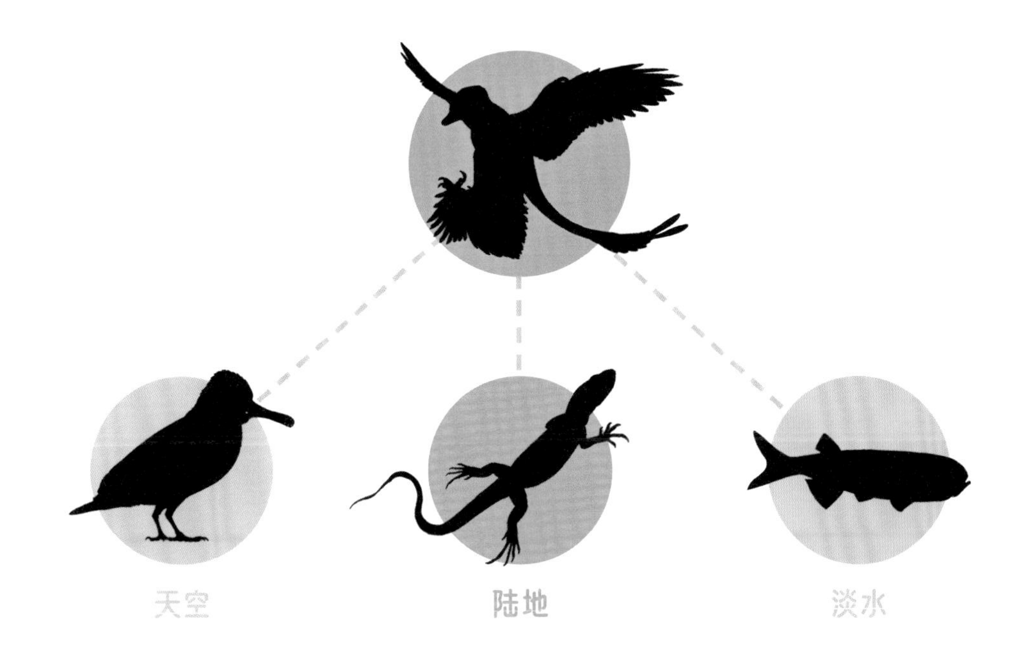

2013 年，古生物学家在一件小盗龙的肠道内发现了鱼类的残骸：包括鱼鳞、鱼鳍、鱼肋骨和脊椎骨等残骸。据鉴定，这些小鱼属于硬骨鱼类，残骸位于小盗龙消化道的后部，已经经过了胃肠道的消化分解。有学者还提出，小盗龙的下颌骨前端的几颗牙齿朝前，或许是为了捕鱼而特化的。综合其他化石来看，小盗龙是个机会主义者，无论是森林还是湖泊，只要能捕捉的猎物它们都不会放过。

热河生物群里淡水湖泊星罗棋布，孕育了丰富的鱼类资源，为小盗龙这样的掠食者提供了丰沛的食物。在其他动物的腹中也发现了鱼类的残骸。

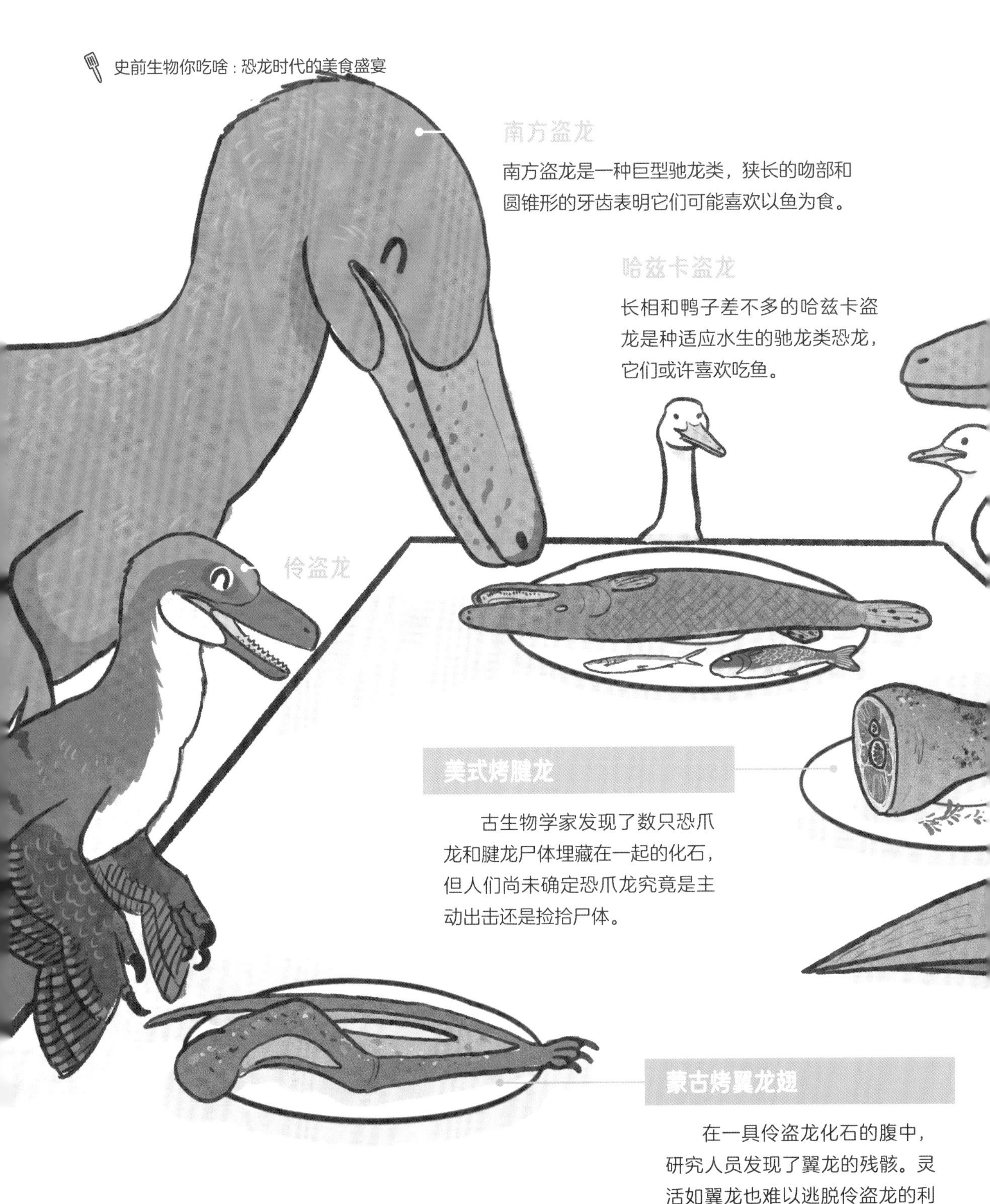

在一具伶盗龙化石的腹中，研究人员发现了翼龙的残骸。灵活如翼龙也难以逃脱伶盗龙的利爪。除此之外，伶盗龙也会以原角龙为食。

驰龙一家！

驰龙家的聚会能见到哪些佳肴？

驰龙科是恐龙家族中极富魅力的一个类群。它们长相各异，大小有别，展现了演化的多样性。上能爬树，下能入水，驰龙类仿佛是一群白垩纪的“特工 007”。从史前青蛙到鱼和恐龙，不同的食物代表着驰龙家族对不同生态位的适应。

天空　　陆地　　水域

海陆空全能家族

从目前已知的化石证据上来看，驰龙科兴起于侏罗纪末，繁盛于白垩纪，足迹几乎遍布世界各地。作为一个成功的家族，驰龙科向各个生态位都做出尝试：驰龙、伶盗龙和恐爪龙是大家脑海中最经典的驰龙科形象，它们习惯于地面生活，会在陆地上追猎猎物；南方盗龙、哈兹卡盗龙和泳猎龙，它们傍水而居，特化出适应半水生的特征，热衷捕鱼；而小盗龙和长羽盗龙，更是掌握了滑翔的技巧，向着天空发起挑战。

渔夫的生活

南方盗龙生活在晚白垩世的阿根廷，它的头骨长达 80 厘米，颌部又细又长，看起来像一个面包夹。同样修长的还有它的双腿，专家推测南方盗龙平时会站在水边捕猎，细长的吻部就像鱼竿，缺乏锯齿边缘的牙齿是为了牢牢咬住鱼类。泳猎龙生活在晚白垩世的蒙古戈壁，彼时此地有季节性的湖泊和绿洲。泳猎龙颌部纤细，牙齿多而密，颈部细长，躯干侧扁，模样看起来和一只大鹅差不多。扁平的躯干和流线型的身材暗示其擅长潜水，它们可能和鸬鹚一样会潜水捕鱼。

泳猎龙

饮食偏好各不同

同样是生活在陆地上的驰龙科恐龙，彼此之间也展现出不一样的饮食偏好。2020 年，古生物学家在一项针对驰龙科恐龙的颌部研究中发现，大部分亚洲的驰龙科恐龙（如伶盗龙等）拥有狭长的吻部，而北美洲的成员（如驰龙等）颌部相对厚实而牢固。专家推测，细长的嘴巴的可能更适合捕捉小而灵活的猎物，而更强壮的颌部则可以挑战体形更大的家伙。2022 年，对驰龙科的咬合力研究显示，伶盗龙的咬合力约 30.4 千克。而恐爪龙咬合力约 70.6 千克，驰龙咬合力约 88.54 千克，都远大于伶盗龙的咬合力。

私龙菜单

原角龙

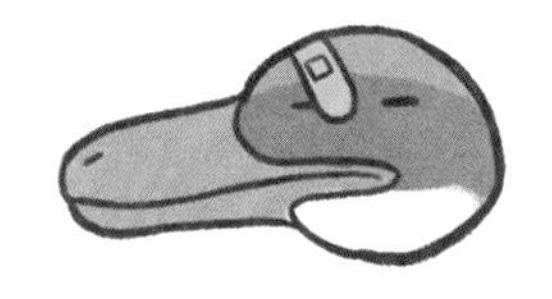
伶盗龙

神龙翼龙类

成年原角龙的身板比伶盗龙大得多，伶盗龙单枪匹马对付原角龙可能有些吃力，选择幼年原角龙下手更容易成功。某种神龙翼龙类的骸骨也出现在伶盗龙的肚子中，但古生物学家发现伶盗龙吞下翼龙后不久就死了，推测这是一只饥肠辘辘的伶盗龙饥不择食选择了免费的午餐。伶盗龙的菜单也把同类加了进去：人们在一只伶盗龙的额骨发现了成排对称的牙印，而留下咬痕的凶手正是其他的伶盗龙。

迅猛猎手

得益于好莱坞大片《侏罗纪公园》的火爆，伶盗龙（或是大家熟知的“迅猛龙”）成为家喻户晓的恐龙明星。事实上，伶盗龙的个头只有火鸡般大，是个迷你的掠食者。伶盗龙口中有锋利的牙齿，前肢有三根趾爪，后肢的第二趾上长有镰刀般弯曲的大利爪。它们的尾巴僵直，有骨化肌腱，宛如一根木棒，可以在奔跑时保持平衡及灵活转向。

伶盗龙的蒙古风味大餐

戈壁刀客的致命一击

战斗的恐龙

1971 年，蒙古戈壁高原出土了一具震惊学界的化石：一只伶盗龙和原角龙扭打缠斗的姿势被永远定格在了一瞬间。伶盗龙的前肢被原角龙咬住，而后者的脖颈也被伶盗龙狠狠踢了一脚。这具保存着立体姿势的化石应该是被沙丘迅速掩埋而形成，这场罕见的恐龙猎杀现场直播也被专家起了个昵称——“战斗的恐龙”。

犹他盗龙爱吃啥？

驰龙家族中的巨人

在很多人的印象中，驰龙科像是一群火鸡似的小家伙。然而这个家族里也曾出现过巨人——生活在 1.35 亿 ~1.3 亿年前早白垩世美国的犹他盗龙，就是驰龙科中体形最大的成员。犹他盗龙体长 4~5.5 米，是当地体形最大的掠食者之一。犹他盗龙的栖息地曾是一片泛滥平原，丰沛的水源灌溉了茂盛的植物，吸引来大量植食动物，它们为犹他盗龙提供了充足的食物。

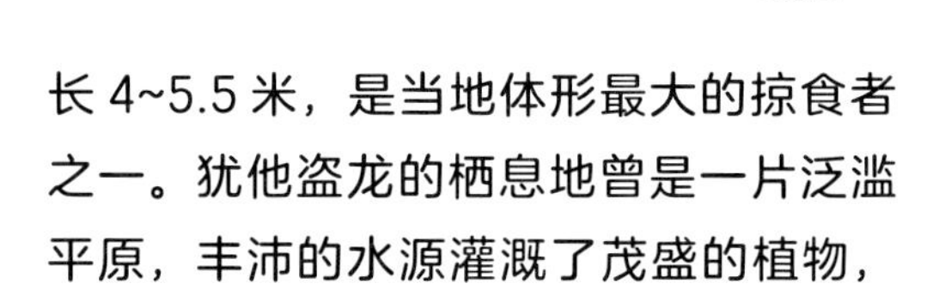

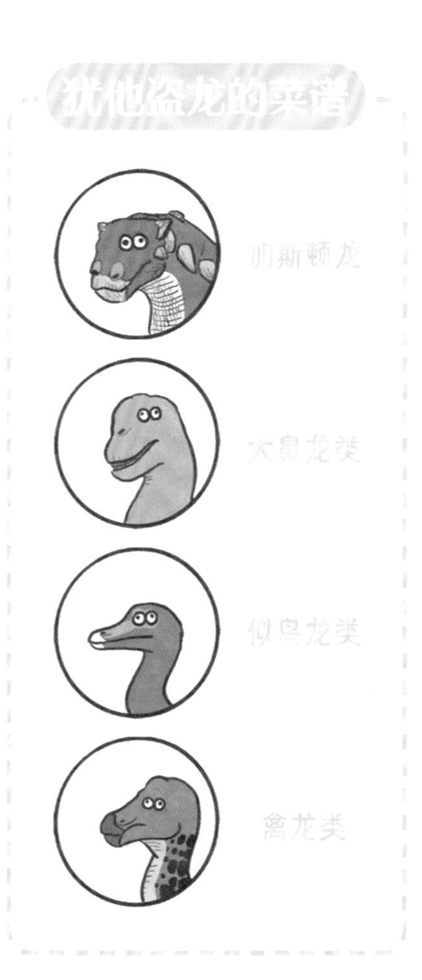

犹他盗龙保存有大量化石，其中不乏完整精致的标本，涵盖了不同年龄段的个体。2001 年发现的一处遗迹中包含了大大小小一共 7 只犹他盗龙，它们的身边还有一只禽龙类恐龙的遗体。这些猎人可能是被泥坑中的腐尸吸引来的，但它们是否为群居？是否存在复杂的社会行为？依然存在争议。

犹他盗龙身材粗壮，腿部强劲，搭配巨大的第二趾爪，让它们成为令人恐惧的梦魇。然而和小型驰龙类相比，犹他盗龙的速度并不快。古生物学家推测，犹他盗龙或许是个伏击型猎手，隐藏在暗处等待猎物靠近，一旦进入攻击目标就用巨爪一击致命。犹他盗龙生活地区里的许多恐龙都留有犹他盗龙的咬痕，包括甲龙类中的加斯顿龙、蜥脚类恐龙中的大鼻龙类、兽脚类恐龙中的似鸟龙类以及鸟臀类恐龙中的禽龙类，其凶悍程度可见一斑。

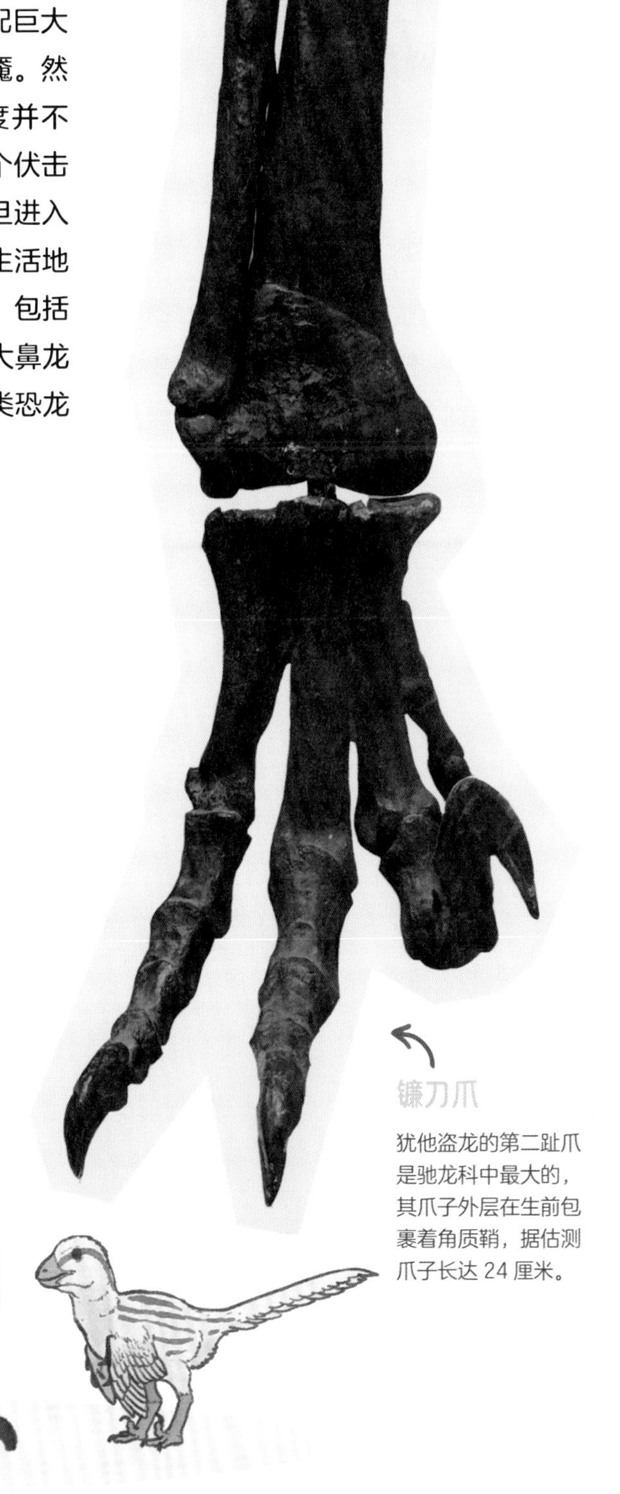

镰刀爪

犹他盗龙的第二趾爪是驰龙科中最大的，其爪子外层在生前包裹着角质鞘，据估测爪子长达 24 厘米。

白垩纪的“吸尘器”

北非怪咖尼日尔龙

生活在早白垩世的尼日尔龙来自非洲北部国家尼日尔，属于蜥脚类恐龙中的雷巴齐斯龙科。体长只有9米的尼日尔龙，体形在巨龙辈出的蜥脚类恐龙中并不算大，但它们身上最引人注目的还是要数吸尘器似的嘴巴：这个怪嘴可以采食地面的植物，效率之高堪比割草机。

恐龙	换牙时间
马门溪龙	98天
长颈巨龙	92天
三角龙	83天
圆顶龙	62天
慈母龙	58天
埃德蒙顿龙	50天
梁龙	35天
大椎龙	24天
尼日尔龙	14天

换牙最快的恐龙

恐龙换一次牙需要多久？2019年，美国古生物学家迈克尔·埃米克公布了一项关于恐龙换牙速率的研究。根据研究的结果显示，植食恐龙的换牙速率普遍大于肉食恐龙，其中像马门溪龙和长颈巨龙这样的大型蜥脚类恐龙，换一次牙需要约90天；角龙科中的三角龙则需83天；而鸭嘴龙科的慈母龙和埃德蒙顿龙需要50多天。令人震惊的是，尼日尔龙换一次牙仅需14天！这意味着尼日尔龙2周就可以把它们嘴里的牙齿更新一遍。它们也因此荣膺目前已知换牙最快的恐龙称号。尼日尔龙为啥换牙如此频繁呢？古生物学家推测，尼日尔龙喜欢采食靠近地表的植物，而且吻部扁平宽阔，吃起东西来不修边幅，每顿都是大口大口直接啃食。在进食植物的过程中，地面上的沙砾和碎石都会对牙齿造成磨损。

尼日尔龙的脖子很短，并不适合伸到高处的树冠上觅食，但很适合低头采食地面的植被。
古生物学家推测尼日尔龙喜欢吃柔软的植物，如地面的蕨类和木贼。
尼日尔龙的嘴里总共有500多颗牙齿，每颗牙下面都藏着9颗后备牙蓄势待发，随时准备接替工作。

嘴巴决定食性

蜥脚类恐龙是清一色的素食者，但是不同种类间为了避开竞争会选择不一样的饮食偏好。2011 年，美国密歇根大学的古生物学家约翰 · 惠特洛克在对晚侏罗世到晚白垩世部分蜥脚类恐龙的吻部进行研究之后，发现了关于蜥脚类饮食的奥秘：像尼日尔龙、梁龙和迷惑龙这样蜥脚类，它们的吻部较宽，呈方形，牙齿上往往带有平行的细小划痕，表明它们适合采食靠近地面的低矮植物，没有选择性地大口啃食；而诸如叉龙、春雷龙和拖尼龙这样的蜥脚类，它们的吻部较窄，呈类圆形，牙齿常带有粗糙的大划痕，这意味着它们可能会喜欢食用中等高度的植物，而且会选择特定的植物。不仅如此，惠特洛克还发现相较于圆吻的圆顶龙和腕龙，梁龙类的方吻成员更喜欢靠近地面进食。正是这种对食物来源的高低差异，让这些大块头避免了直接竞争，且共享栖息地。

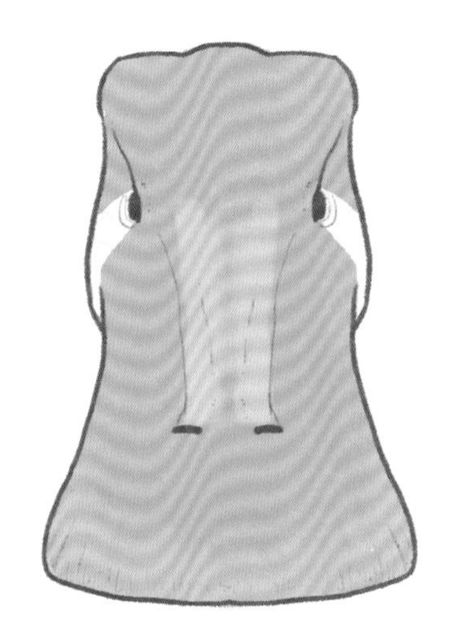

尼日尔龙

早白垩世 · 非洲

[方吻]

[非选择性地面采食者]

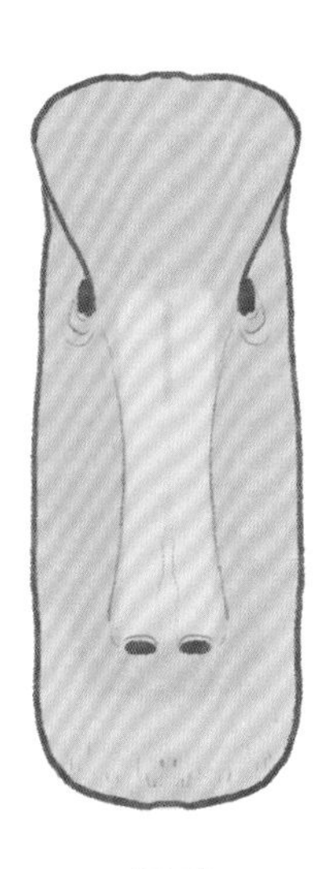

梁龙

晚侏罗世 · 北美洲

[方吻]

[非选择性地面采食者]

模仿者

因袭龙（右）生活在晚白垩世的阿根廷，保存有近乎完整的头骨以及颈椎、背椎的化石。因袭龙的嘴巴呈宽阔的方形，和尼日尔龙有着异曲同工之妙。然而两者尽管模样相似，但分属不同的家族：尼日尔龙属于雷巴齐斯龙类，而因袭龙来自泰坦巨龙家族。由于这种独特的嘴部结构在泰坦巨龙类中尚属首次发现，这也正是因袭龙名字的由来——古生物学家认为它们是“雷巴齐斯龙类的模仿者”。专家推测，因袭龙或许有着和尼日尔龙类似的习性，都是以地面低矮的植物为食。

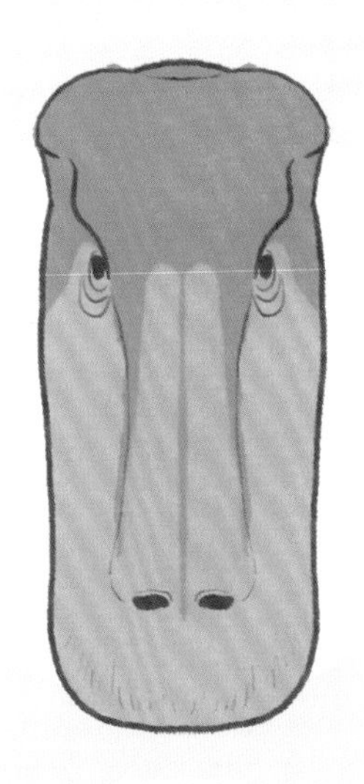

迷惑龙

晚侏罗世・北美洲

[方吻]

[非选择性地面采食者]

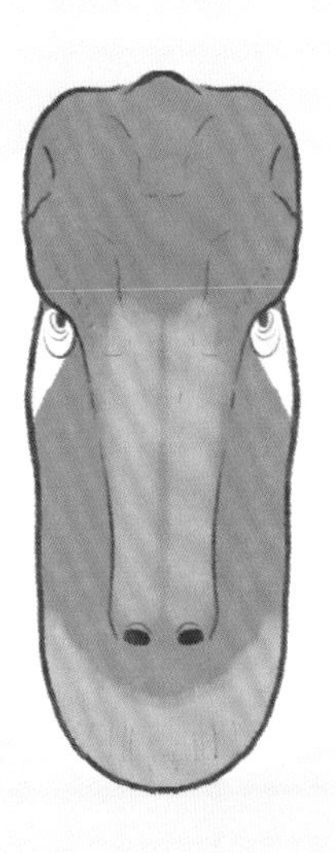

叉龙

早白垩世・非洲

[圆吻]

[选择性中层采食者]

惠灵顿禽龙排
禽龙和重爪龙生活在同一地区，古生物学家曾在重爪龙的胃内容物中发现亚成年禽龙类的骨头。很显然，恐龙也是它们重要的食物来源。

英伦食客重爪龙

英国“绅士”的晚餐最爱吃什么？

重爪龙是一种大型兽脚类恐龙，主要生活在早白垩世的英国地区，属于大名鼎鼎的棘龙科。重爪龙的栖息地曾是一片亚热带的沼泽滩涂，水汽氤氲，气候宜人，生活着许多史前生物。重爪龙的吻部狭长，前端有一凹陷，口中牙齿长，表面有纵棱。不仅如此，重爪龙的前肢长有锋利的指爪，其中第一指又大又弯，仿佛一根大鱼钩。这些特征暗示重爪龙或许是个渔夫——这个猜测在 1997 年被证实：古生物学家在重爪龙化石的胃内容物中发现了胃酸侵蚀的鱼鳞和牙齿，据鉴定属于鳞齿鱼类的曼氏申斯蒂鱼。重爪龙不只对鱼情有独钟，人们还在重爪龙的胃内容物中发现了亚成年禽龙类的残骸。

炸曼氏申斯蒂鱼 & 薯条

曼氏申斯蒂鱼也出现在重爪龙的胃内容物中，这也是第一个兽脚类食鱼的化石证据。由重爪龙的身体结构适合捕捉鱼类可见，鱼也是它们喜爱的佳肴。

长而狭窄的吻部以及圆锥形的牙齿，重爪龙独特的身体结构让专家对它们的食性作出了不少假设：有许多古生物学家相信重爪龙是一种食鱼恐龙，因为它们的脑袋和现代恒河鳄的头骨有些类似；另一部分科学家则表示重爪龙是一种食腐动物，长长的嘴巴是为了探进动物的尸体，靠上的鼻孔是为了方便啃食腐尸时呼吸空气。然而直到 1997 年，人们在英国发现了重爪龙胃内容物中的鱼鳞和鱼骨，才让食鱼假设成为“实锤”。值得一提的是，这是重爪龙乃至整个兽脚类恐龙家族中第一个食鱼的直接证据。

重爪龙是恐龙明星棘龙的远亲，但它的个头比棘龙小得多。从分类上看，重爪龙来自棘龙科中的重爪龙亚科，而棘龙则属于棘龙亚科。相较于棘龙，重爪龙对水生的适应程度不如前者，可能像今天的鹭和鹳一样，更习惯沿着水边觅食。

早些年，古生物学家认为重爪龙会用巨大的爪子下水捕鱼。但后来的研究发现，重爪龙捕鱼可能更依赖嘴部而非指爪。细长的嘴巴就像“筷子”可以探入水中，搭配圆锥形的牙齿，可以轻而易举地“夹”住鱼类。待捉鱼上岸后，再用指爪刺穿并固定住挣扎的猎物，继而一口吞下。但专家们并不认为重爪龙会像今天的鹭一样，扭动脖子快速扎入水中，因为它们的颈椎无法大幅度弯曲，而且眼睛稍向两侧，视觉受限。

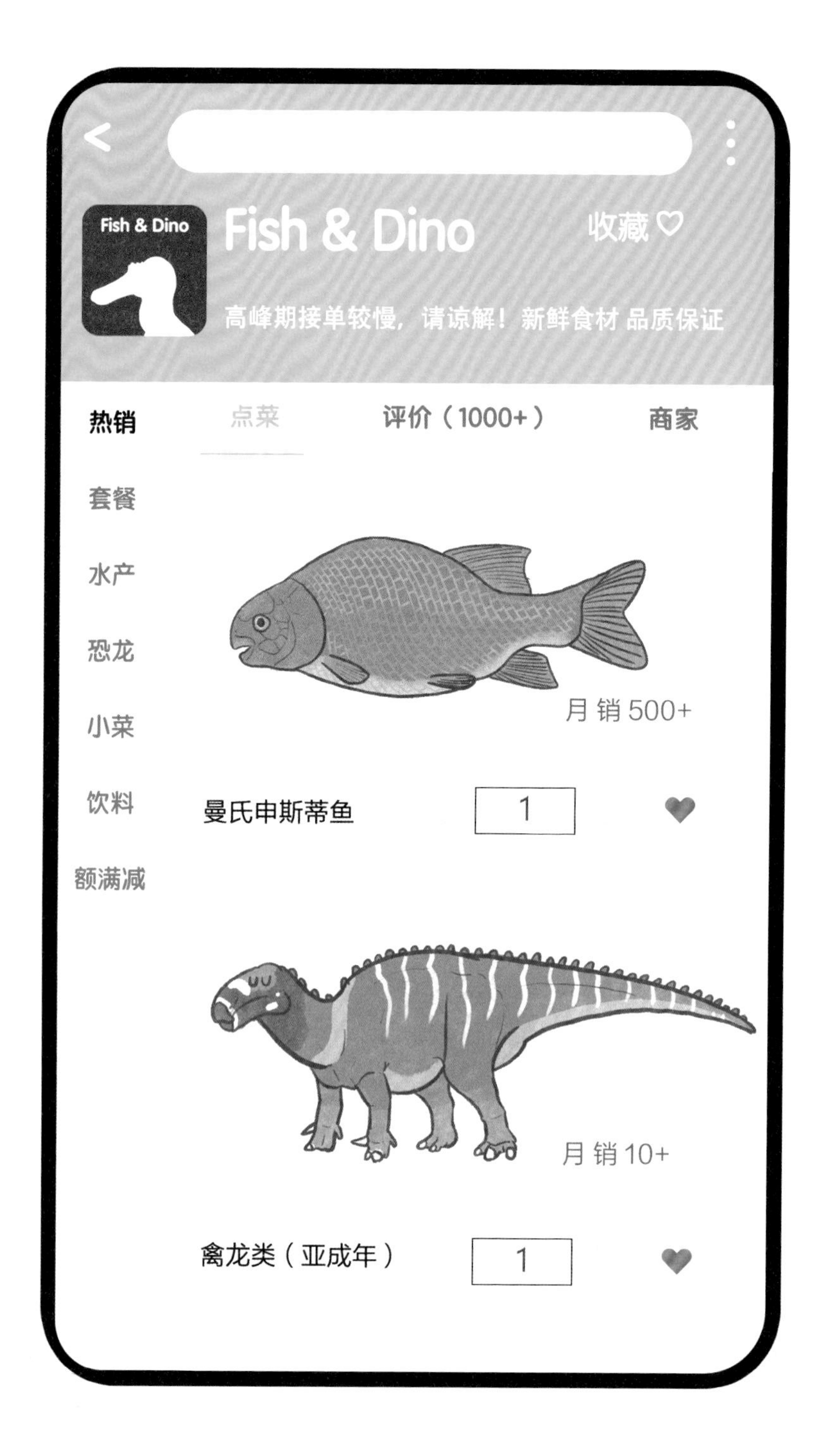
Fish & Dino
Fish & Dino
收藏♡
高峰期接单较慢，请谅解！新鲜食材 品质保证
热销
点菜
评价（1000+）
商家
套餐
水产
恐龙
小菜
饮料
额满减
月销 500+
曼氏申斯蒂鱼
1
月销 10+
禽龙类（亚成年）
1

除了鱼类，古生物学家还在重爪龙的体内发现了亚成年禽龙类的残骸，这意味着它们除了食用鱼类，还会拿恐龙打打牙祭。但目前尚无证据证明重爪龙主动袭击这只小禽龙，它们的身体结构也和掠食型的兽脚类恐龙有着明显不同。所以很多学者相信，重爪龙除了主食鱼类，路过恐龙等动物尸体它们也不会错过。

重爪龙化石出土于英格兰南部的怀特岛，被誉为英国的化石宝库。此地在早白垩世曾是亚热带气候，是一片广布湖泊沼泽的湿地。湖畔边蕨类植物、木贼、石松以及原始的草本植物郁郁葱葱，水里游弋着鳞齿鱼、申斯蒂鱼和巨鱵嘴鱼等各种鱼类，岸边栖息着哈尔克鳞鳄和前目鳄等史前鳄鱼。帆翼龙和乌克提纳翼龙等翼龙在天空中翱翔，禽龙和曼特尔龙等禽龙类恐龙成群结队，小巧的棱齿龙则在灌木丛间觅食。身披铠甲的怀特甲龙和多刺甲龙慢慢悠悠，属于兽脚类恐龙的新猎龙和始暴龙鬼鬼祟祟、伺机窥探，而雅尔贼兽和始俊兽等原始哺乳类动物在恐龙脚边躲躲闪闪。重爪龙是当地体形最大的兽脚类恐龙，它和周围这些邻居共享着同一片家园。

河中巨怪

棘龙的河鲜市场

棘龙生活在晚白垩世的非洲北部，是一种巨型兽脚类恐龙。尽管化石出土于撒哈拉沙漠，但在棘龙生活的年代，那里是一片水草丰茂的湿地。肥沃的淤泥堆积出了河口三角洲，宽大的河道生养了无数水生生物。而棘龙正是这片水域体形最大的掠食者，数不尽的河鲜足够满足这位饕餮客的口味。

新角齿鱼

大洋洲肺鱼的史前亲戚，分布广泛的肺鱼类。

巴威多鳍鱼

现代多鳍鱼的远亲，体形比现代种类大得多。

帆锯鳐

虽然名字很像，但帆锯鳐和现代锯鳐关系并不近。人们曾在一具棘龙的颌骨上找到嵌入的、疑似帆锯鳐的椎骨。

白垩鼠鲨
泳速很快的凶猛小鲨鱼。
莫森氏鱼
体形最大的腔棘鱼类，同时也是白垩纪体形最大的淡水鱼之一。
尖颞龟
一种侧颈龟类。
长锁龙类
当地也曾发现生活在淡水的长锁龙类动物（属于蛇颈龙类）。

虽然最早的棘龙化石在 1912 年就已经出土，但存放在德国柏林博物馆内的标本在经历第二次世界大战炮火的洗礼后灰飞烟灭。消失的化石让棘龙长期以来都笼罩着一层神秘的面纱，百年来无数古生物学家都试图揭开棘龙这一巨型兽脚类恐龙的秘密。近年来从北非挖掘出的棘龙新化石让科学家找到了棘龙真面目的拼图，然而令人震惊的是新化石显示棘龙的样子可能和过去认为的不大一样。

鳄鱼的模仿者

棘龙脑袋很容易让人联想到鳄鱼的脑袋。它们的吻部都狭长，颌部存在凹陷，鼻孔位于脑袋后上方，牙齿锋利交互，近似圆锥形。这些特点都是为了应付水生生活：靠上的鼻孔方便潜水时呼吸，形状独特的牙齿可以咬住滑溜溜的鱼，吻部的凹槽可以在捕猎时控制住猎物。和鳄鱼一样，棘龙吻端也分布有许多小孔洞，这些孔洞生前曾分布有神经末梢，可以感知水下猎物的移动。

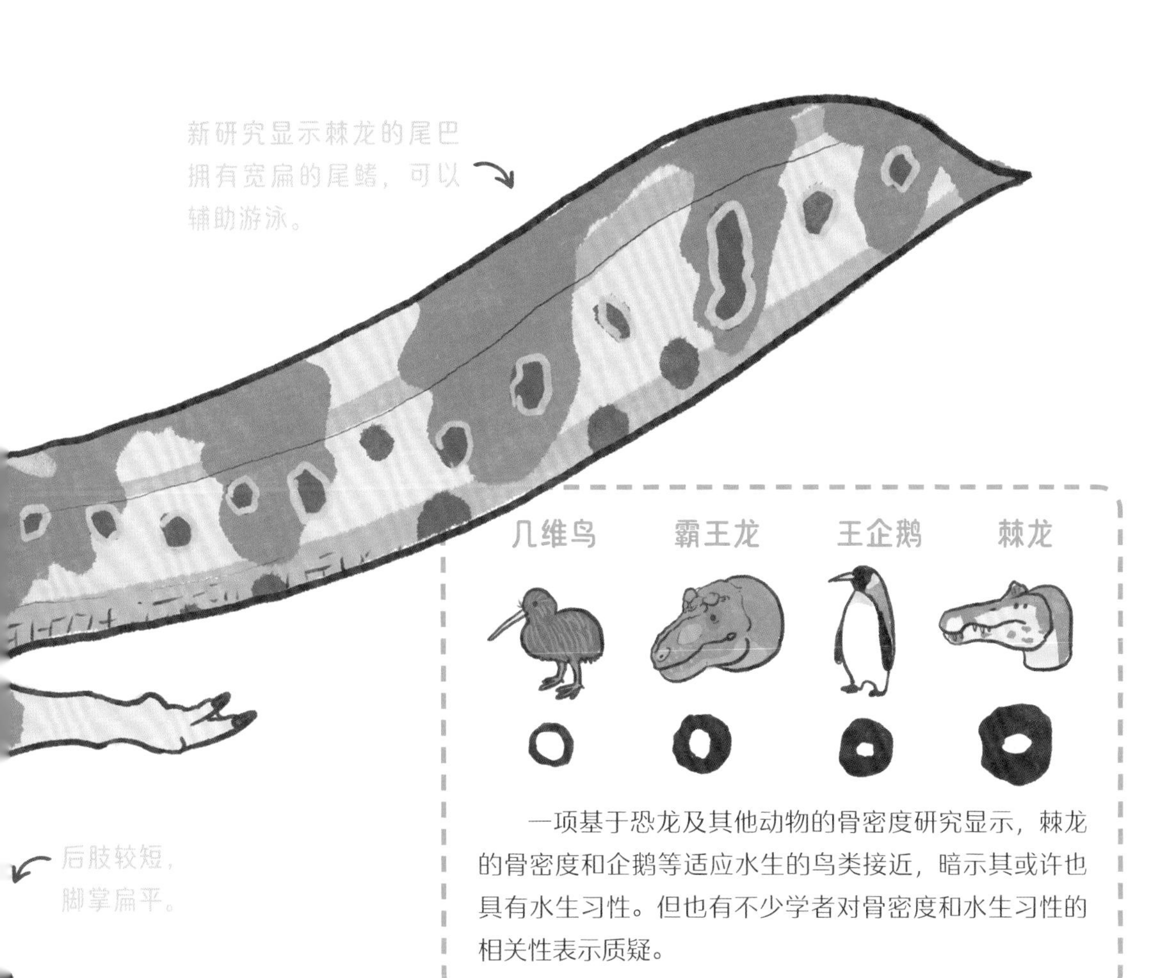

一项基于恐龙及其他动物的骨密度研究显示，棘龙的骨密度和企鹅等适应水生的鸟类接近，暗示其或许也具有水生习性。但也有不少学者对骨密度和水生习性的相关性表示质疑。

浪里蛟龙

棘龙身上的许多结构特征都在提示它们傍水而生。观察棘龙的后肢，我们可以看到和其他兽脚类恐龙相比，棘龙的腿脚较短，脚掌扁平，趾爪也和其他肉食恐龙不同，又直又平。古生物学家推测，棘龙的脚趾头之间甚至还有脚蹼结构。这样的大脚可以让它们在泥滩上如履平地，也可以作为划水的助力。

草原龙汉堡

在一具草原龙化石附近发现了掉落的南方猎龙牙齿。这具草原龙的骨骼散落破碎，可能正是由于掠食者进食造成的。

南方猎龙的快餐

南方猎龙居住在 9500 万年前晚白垩世的澳大利亚，属于兽脚类恐龙种的大盗龙类。大盗龙类是一个神秘又神奇的恐龙家族，它们标志性的特征是前肢第一、第二指上巨大的指爪。南方猎龙的化石完整度是大盗龙类中最高的之一，为古生物学家研究大盗龙类提供了重要的参考。研究显示，南方猎龙的前肢活动范围很大，搭配上巨大的指爪，威力不可小觑。而纤细的颌部以及较弱的咬合力，表明南方猎龙捕猎时可能主要依靠前肢钩抓而非嘴巴撕咬。

漫滩巨人

草原龙化石出土于澳大利亚的昆士兰，是目前澳大利亚已知化石最完整的蜥脚类恐龙之一。草原龙得名于化石发现地是一片草原，但在晚白垩世此地曾是一片河流纵横的漫滩。古生物学家发现，草原龙身体呈桶状，四肢粗短而强壮，两腿间距宽，看起来像长脖子的河马。这种体态很适合在泥泞的平原上分散重量，避免陷入泥沼。

南方猎龙所属的大盗龙科是个神秘的家族。由于化石稀少且解剖结构独特，它们的归类一直是个谜团。因为巨大的爪子，早些年大盗龙曾被当作是驰龙科的一员，后来人们又认为它们是新猎龙科的分支。近年来，又有观点猜测大盗龙科是霸王龙超科的一部分，是小短手家族的大爪远亲。目前专家的最新研究显示，大盗龙科是非霸王龙超科的虚骨龙类。大盗龙科因发达的前肢和巨大的指爪闻名于世。2023 年针对大盗龙科恐龙的前肢研究发现，大盗龙科的前肢骨骼非常发达，强壮的胸肌和前臂肌肉可以为这些掠食者提供强大的力量。

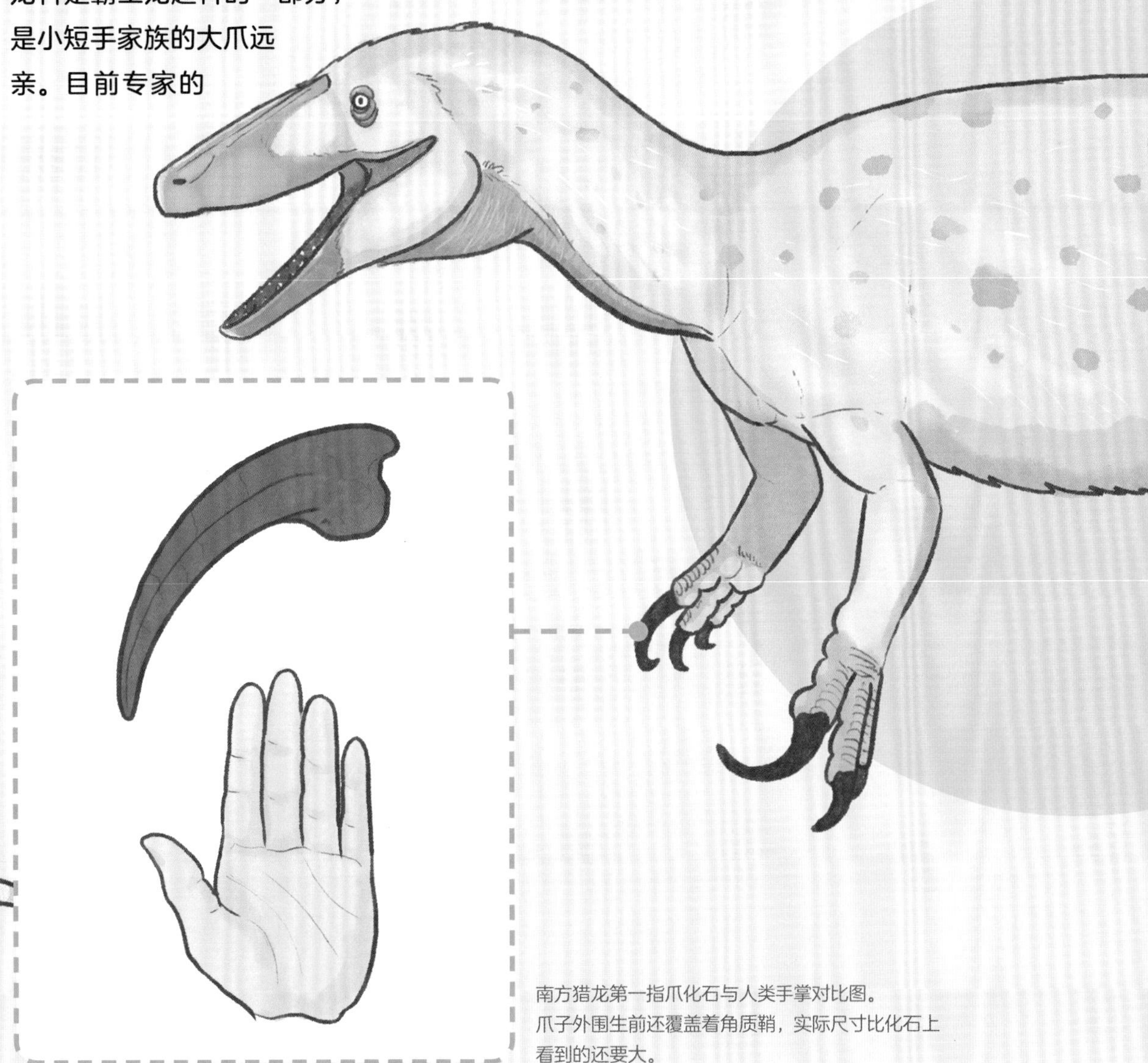

南方猎龙第一指爪化石与人类手掌对比图。
爪子外围生前还覆盖着角质鞘，实际尺寸比化石上看到的还要大。

白垩纪的“食蚁兽”

阿尔瓦雷斯龙类的“一指禅”

阿尔瓦雷斯龙类在整个恐龙界都属于奇怪的存在：它们的前肢长度退化，甚至有的成员只有一个大指爪。阿尔瓦雷斯龙类古怪的身体结构，让它们的食性变得扑朔迷离。近年来的研究显示，它们或许喜欢吃蚂蚁和白蚁。晚期的阿尔瓦雷斯龙类前肢尽管短，但较粗壮，指爪变得又粗又大。不仅如此，它们嘴部前端的牙齿消失，舌骨变得相当结实，可以容纳一条长舌头。这很难不让人联想到现代的食蚁兽等食蚁动物。不仅如此，古生物学家还发现阿尔瓦雷斯龙类的耳蜗管非常发达，这表明它们拥有超强的听力系统，能够察觉到周围最细微的风吹草动。所以它们可以在朽木和蚁穴附近探听内部的白蚁的动静，再用巨大的爪子挖开蚁穴，将舌头伸入其中大快朵颐。

“窃窃蛋龙蛋龙”

秋扒爪龙的化石发现自河南，也是阿尔瓦雷斯龙类的一员。有趣的是，在它的化石旁边还埋藏着窃蛋龙类恐龙蛋的碎片。古生物学家推测，秋扒爪龙或许会用强壮的爪子凿开蛋壳，吸食蛋液。

尽管时间跨越千万年，栖息地跨越五湖四海，来自不同家族的动物因为各种原因演化出类似的食性。尽管尚无食蚁的直接证据，但阿尔瓦雷斯龙类最有可能是白垩纪的“食蚁兽”。

从有到无

从阿尔瓦雷斯龙类的演化轨迹可以看出，它们的前肢逐渐缩小，爪子也逐渐减少。家族中原始的简手龙（左）还保留有较长的三根手指，单爪龙（中）则只有一个指爪增大，另外两个缩小。而临河爪龙（右）甚至只剩一根手指。

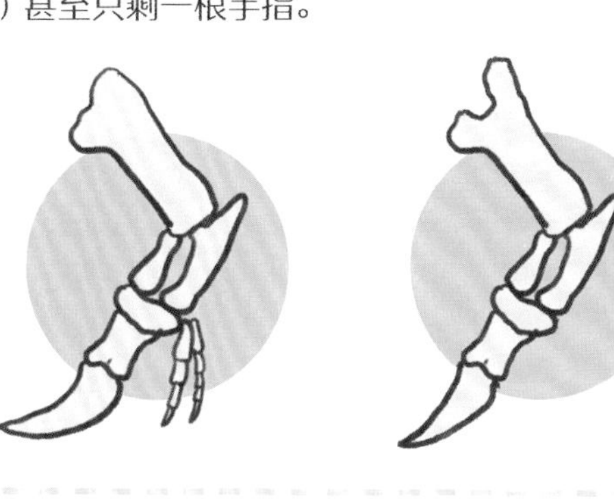

陪恐龙逛超市

植食恐龙超市能买到什么好吃的?

子
木炭
Cunninghamia
Cunninghamia
Cunninghamia
Fruits
针叶
水果
FERN
FERN
TWIG
TWIG
TWIG
树枝

植食恐龙超市能买到什么好吃的？

肉食恐龙威风霸气，捕猎过程无比血腥，十分抓人眼球。相对而言，吃素的植食恐龙的饮食似乎显得无趣得多。然而，仔细观察会发现，植食恐龙超市里的商品还真不少！从树叶、嫩枝、树皮、花果甚至是木炭，每种植食恐龙都有自己的心头好。

“采花大盗”

短冠龙生活在晚白垩世的北美洲，属于鸟臀目中的鸭嘴龙科。古生物学家曾发现一具昵称叫作“莱昂纳多”的短冠龙木乃伊化石，它是目前已知最完整的恐龙干尸化石之一。它的胃内容物展示了短冠龙生前的最后一餐：植物枝叶、蕨类、裸子植物的球果，以及如木兰这样的开花植物。

甲龙科恐龙的牙齿相对比较弱，所以它们青睐更加柔软的蕨叶和果实。但是发达的舌骨显示它们拥有长而灵活的舌头，可以从地面上卷起食物送入口中。但是甲龙家族内部存在较明显的饮食习惯分化，不同种类的甲龙科恐龙存在食物种类偏好，这或许能够在一定程度上避开竞争。

鸭嘴龙科恐龙的牙齿齿列发达，口中拥有成百上千颗牙齿。这使得它们能够咀嚼各种各样的食物：从裸子植物的松针，到被子植物的树叶、嫩枝，甚至腐朽的落木，鸭嘴龙科恐龙从不挑剔。有趣的是人们还在鸭嘴龙科恐龙的粪化石中发现了甲壳类动物的踪迹——这或许是繁殖季节产卵急需补充钙质的准妈妈们的加餐。

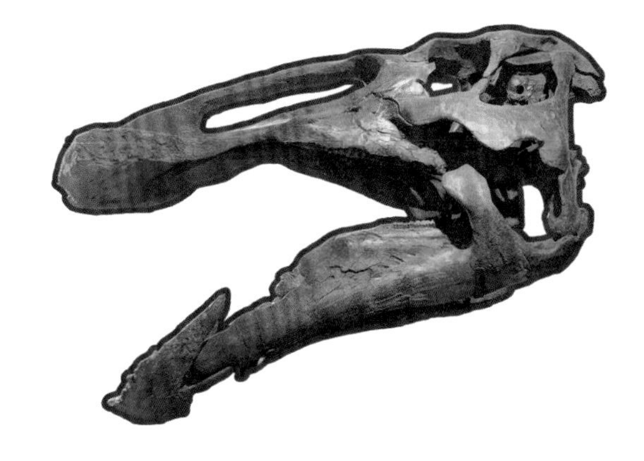

角龙科恐龙的角质喙弯曲而坚固，仿佛鹦鹉的喙，可以协助觅食时将植物剪切下来。它们的牙齿呈叶状，中央有纵棱，边缘锋利，可以切割植物坚硬的茎叶。

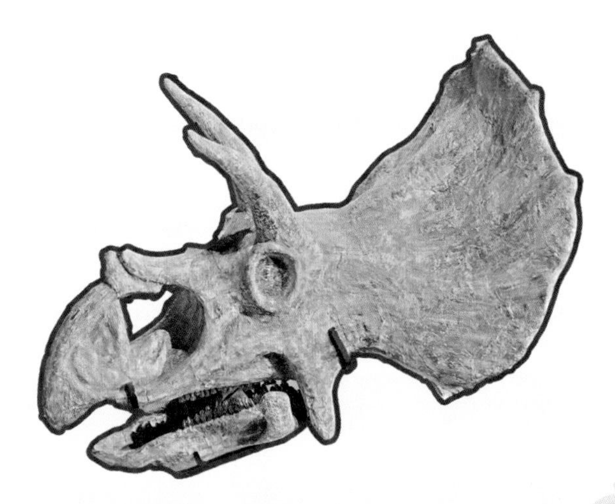

植物大食客

盔龙是一种很“经典”的鸭嘴龙类恐龙，它们的头冠令人印象深刻。在盔龙的胃内容物中，人们发现了裸子植物的枝条、茎、树皮、种子和木炭。很多现代动物（如亚洲象）也会食用木炭，它们或许能够中和食物中某些植物含有的毒性物质。

生活在早白垩世澳大利亚的盾龙是一种小巧可爱的甲龙类恐龙，体长只有 2 米的它们看起来又憨又萌。古生物学家在一只盾龙的腹腔中发现了食物的残渣：主要是蕨类植物的维管、球形种子以及孢子囊的碎片。这些植物碎片被研磨得很细碎，最小的只有 0.6 毫米左右。由于盾龙的肚子里没有发现胃石的痕迹，所以专家们推测盾龙是靠牙齿将食物咀嚼得这么细。

盾龙吃饭就靠咀嚼?

种子收割机

来自南美洲阿根廷的伊莎贝瑞龙属于鸟臀目中的剑龙亚目，生活在中侏罗世的它们是最原始的剑龙类恐龙之一。古生物学家在伊莎贝瑞龙的胃内容物中发现了苏铁的种子，鉴定后被判断为泽米铁科植物。完整的种子暗示着伊莎贝瑞龙没有咀嚼就将种子整颗吞下，它们可能会通过胃肠道的酶或细菌帮助消化种子的外皮。

戈壁怪客恐手龙

恐怖巨手怪爱吃鱼和素食？

恐手龙可谓是世界上最怪的恐龙：它们的嘴似鸭喙，口中无牙，背长驼峰，还有一对巨手。它们生活在晚白垩世的蒙古，属于似鸟龙类中的恐手龙科。胃内容物化石的出土帮助古生物学家弄清恐手龙最爱的食物是鱼和植物。

促进消化的石头

恐手龙口中无牙，咬合力也较弱，所以它们进食时基本靠吞咽。古生物学家在一具恐手龙的胃内发现了1400多枚胃石，其中最大的一枚直径可达 8 厘米。胃石常见于植食恐龙腹中，这些胃石可以协助恐手龙这样的无“齿”之徒研磨食物，以促进消化。胃石的发现间接证明了恐手龙或许会采食水草等植物。

巨手

恐手龙拥有两足行走的恐龙中最长的前肢。正模标本的前肢长度估值约 2.4 米，指头末端的爪子达 19 厘米。化石发现之初，古生物学家认为这对巨手是用来捕捉猎物的工具，但末端粗钝平直的爪子其实并不适合狩猎。随着更多化石出土，如今我们已经知道恐手龙并非是迅猛的掠食者。

水草杂鱼汤

恐手龙鸭嘴似的喙以及胃石暗示它们喜爱采食沼泽地的水草，胃中的鱼鳞和鱼骨显示它们也吃鱼。

恐手龙属于似鸟龙下目中的恐手龙科，顾名思义“似鸟龙”的本意就是“鸟类的模仿者”。除了恐手龙这样的四不像“怪咖”，这个家族中的大部分成员都是外表类似鸵鸟的恐龙。著名的似鸟龙、似鸵龙和似鸡龙都来自这个大家族。

似鸟龙下目

- 恩奎巴龙
- 似鹈鹕龙
- 恐手龙科
- 似鸟龙科

似鹈鹕龙是一种原始的似鸟龙类恐龙，化石出土于西班牙的早白垩世地层。和大部分恐龙亲戚牙齿退化了的情况不同，似鹈鹕龙口中有多达数百颗的细小牙齿。古生物学家在似鹈鹕龙的喉部发现有喉囊的印痕，类似现代的鹈鹕。学者们推测，似鹈鹕龙平时会在浅水区涉水捕鱼。

和其他兽脚类恐龙不同，大部分似鸟龙类恐龙都只有 3 个脚趾，靠上的第一趾退化消失。这或许是为适应高速奔跑的改变，今天的鸵鸟脚趾就退化至只剩 2 个。似鸟龙的腿脚修长，大腿有力，趾头末端有蹄状的趾爪。据估算，某些似鸟龙类恐龙的时速可达 60~70 千米，堪称恐龙中的最高速度。难怪似鸟龙家族被誉为“赛跑家族”。

古生物学家在似鸟龙的吻部发现了角质喙的痕迹。而喙嘴上又发现了垂直的沟壑，结构类似鸭喙。据此，部分学者认为似鸟龙是一种滤食动物，会像鸭子和火烈鸟一样，在水中用嘴过滤浮游生物。然而另一部分学者表示这种沟壑在海龟和鸭嘴龙类的喙嘴上也存在，并不能作为滤食的依据。而且似鸟龙体形比鸭子和火烈鸟大得多，即使用上一整天的时间不眠不休地滤食也无法满足其身体所需。

后凹尾龙

特暴龙的户外烧烤

白垩纪蒙古可汗的皇家盛宴

特暴龙是北美洲的霸王龙在亚洲的近亲，它们活跃在蒙古戈壁高原，零碎的化石在我国多地也能见到。作为霸王龙家族里个头仅次于霸王龙的二号人物，特暴龙是晚白垩世东亚至高无上的君主。古生物学家已在多种恐龙的化石上发现了特暴龙的咬痕，目力所及皆能入特暴龙的厨房。

特暴龙化石出土的耐梅盖特组地层，主要集中在蒙古戈壁地区。在 7000 万年前的晚白垩世，这里的自然风光可与今天的戈壁荒漠不同：受季风影响降水呈现出季节性分布的规律，雨水灌溉了河流、湖泊和湿地，针叶林郁郁葱葱为植食恐龙提供了丰富的食物。而到了旱季，植被枯萎，河道干涸，食物匮乏，恐龙们又要为了食物展开生存之战。

受害者联盟

作为当地横行无忌的霸主，特暴龙在史前蒙古过得十分滋润：它们看上的猎物几乎无一不入其嘴里。从已发现的化石来看，耐梅盖特组发现的许多恐龙化石都曾保留有特暴龙袭击的痕迹——从块头巨大的鸭嘴龙类和蜥脚类，到同属兽脚类恐龙的似鸟龙类，再到满身披甲的甲龙类，特暴龙都想啃上一口。

栉龙（右）曾分布于北美洲和东亚地区，其中生活在亚洲的是窄吻栉龙。窄吻栉龙是戈壁滩上体形最大的鸭嘴龙类恐龙之一。

2020 年，一项针对特暴龙及当地植食恐龙的牙齿同位素研究显示，特暴龙的 δ13 碳同位素值与蜥脚类恐龙耐梅盖特龙和鸭嘴龙类恐龙栉龙存在重叠，结合已发现的化石证据，特暴龙可能以大型的蜥脚类和鸭嘴龙类恐龙为主食。

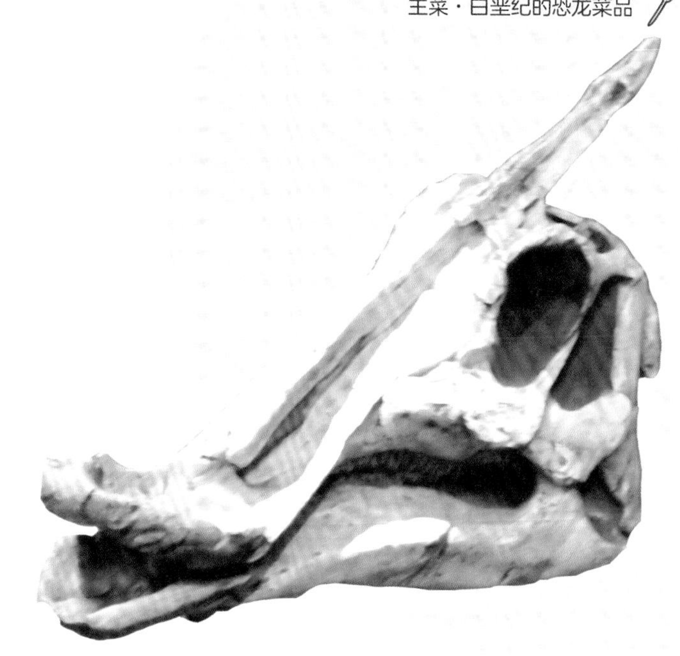

通过观察特暴龙的脑部结构，古生物学家发现特暴龙大脑的嗅球十分发达，这意味着它们可以闻到远处猎物或腐尸的气味。特暴龙的听觉也很敏锐，可以听到非常细微的动静。然而和霸王龙比较，特暴龙的脑袋后端较窄，双眼朝向两侧而非向前，表明它们的双目立体视觉并不发达。反观霸王龙，它们的双目视野可达 55 度，可以牢牢锁定猎物的位置，准确判断出猎物和自己的距离。相比之下，特暴龙视力一般，捕猎主要依靠嗅觉和听觉，和霸王龙有着不太一样的习性。

和霸王龙（下）相比，特暴龙（上）头部更低，后端更窄。特暴龙的头骨尺寸是霸王龙科中仅次于霸王龙。

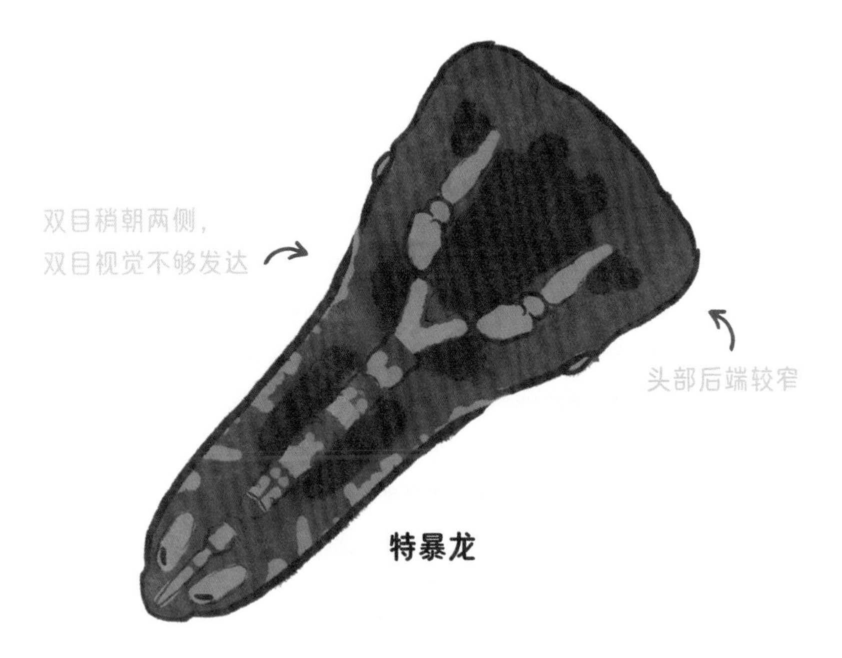
双目稍朝两侧，
双目视觉不够发达
头部后端较窄
特暴龙

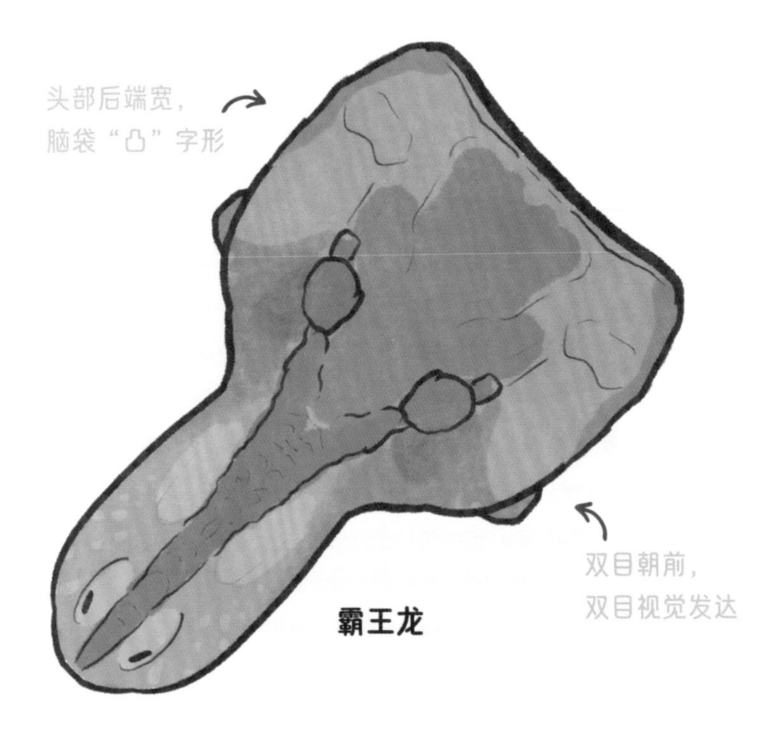
头部后端宽，
脑袋“凸”字形
双目朝前，
双目视觉发达
霸王龙

2022 年，古生物学家对特暴龙等肉食恐龙牙齿上的磨损痕迹进行了对比。结果发现，幼年特暴龙的牙齿磨损程度比成年恐龙严重得多。为什么会造成这种现象呢？专家们分析，幼年特暴龙体形更小，牙齿也更小，如果它们不单独选择捕食特殊的食物，而是跟随成年特暴龙进食的话，那家长们狩猎来的猎物对幼年特暴龙来说就太大了，因此，幼年特暴龙的牙齿自然会更容易磨损。

先后有序

2019 年，日本东京大学的古生物学家对成年和幼年特暴龙牙齿化石进行研究发现，特暴龙换牙总是奇数牙槽和偶数牙槽来回交替，成年特暴龙的牙齿往往是从后方先开始换起。而幼年特暴龙则缺乏这一特征。这表明随着年龄增长，特暴龙的换牙模式会发生改变，这或许和不同年龄段的特暴龙有着不一样的饮食有关。

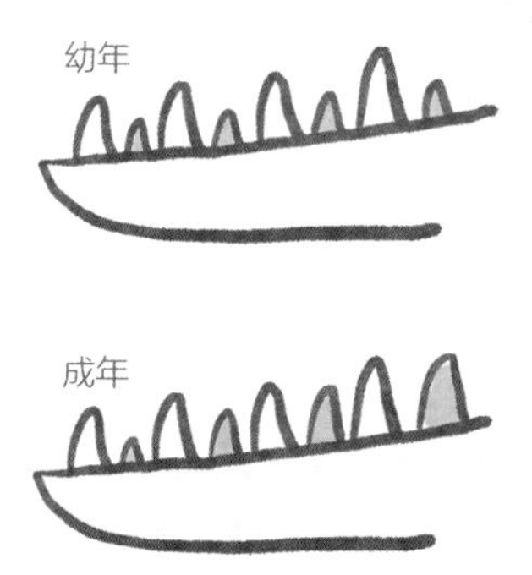

求偶的气球

古生物学家在特暴龙身上发现了宝贵的皮肤印痕化石，它们为研究霸王龙类的体表皮肤提供了重要的材料。人们曾在一具特暴龙的下颌下方发现了皮肤印痕，暗示特暴龙生前曾拥有“喉囊”结构。喉囊是位于喉部的皮囊，它广泛存在于现代鸟类身上，如鹈鹕、鸬鹚和军舰鸟等。鸟类身上的喉囊宛如一个大袋子，可以起到捕获猎物、储存食物和展示炫耀等功能。古生物学家推测，特暴龙的喉囊或许和军舰鸟的类似，可以膨胀成似气球的样子，表面或许还有鲜艳的花纹，可以用来吸引异性。

霸王龙的菜谱

白垩纪顶级掠食者最爱吃什么？

清蒸三角龙头颈肉

三角龙是霸王龙最爱的食物，人们已经在许多三角龙身上发现霸王龙的咬痕。古生物学家发现，霸王龙尤其钟爱三角龙的脖颈肉——它们会把三角龙巨大的脑袋咬断，尽情享受美味。

霸王龙前肢刺身

霸王龙也会对同类下手。古生物学家在霸王龙的肱骨、跖骨和脚掌都曾发现过同类的咬痕。它们并不会对同类手下留情。

小兽三明治

霸王龙偶尔也会捕捉史前哺乳动物当零食。在一块霸王龙的胃内容物化石中，学者们发现了古兽的下颌骨和牙齿化石。

葱香埃德蒙顿龙腿

肥美的埃德蒙顿龙也是霸王龙喜爱的佳肴。这道菜老少皆宜——学者们甚至观察到亚成年的霸王龙也曾在埃德蒙顿龙的尾椎上留下齿印。

炙烤阿拉摩龙颈肉

巨大的蜥脚类恐龙阿拉摩龙也难逃霸王龙的魔爪。学者们在阿拉摩龙的化石旁边发现了不少霸王龙遗留的牙齿，这些掠食者或许曾经对着阿拉摩龙的尸体大快朵颐。

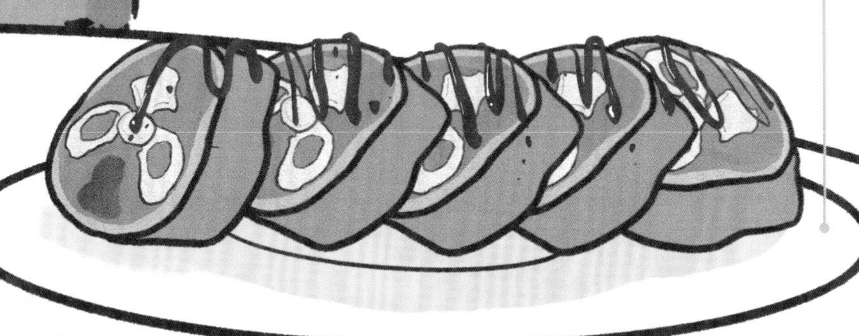

霸王龙爱吃龙颈肉？

霸王龙与三角龙的恩怨情仇

从已发现的化石上看，三角龙是霸王龙生活的环境中数量最多的恐龙之一，在一些特定的环境甚至占到了所有恐龙中的七成。

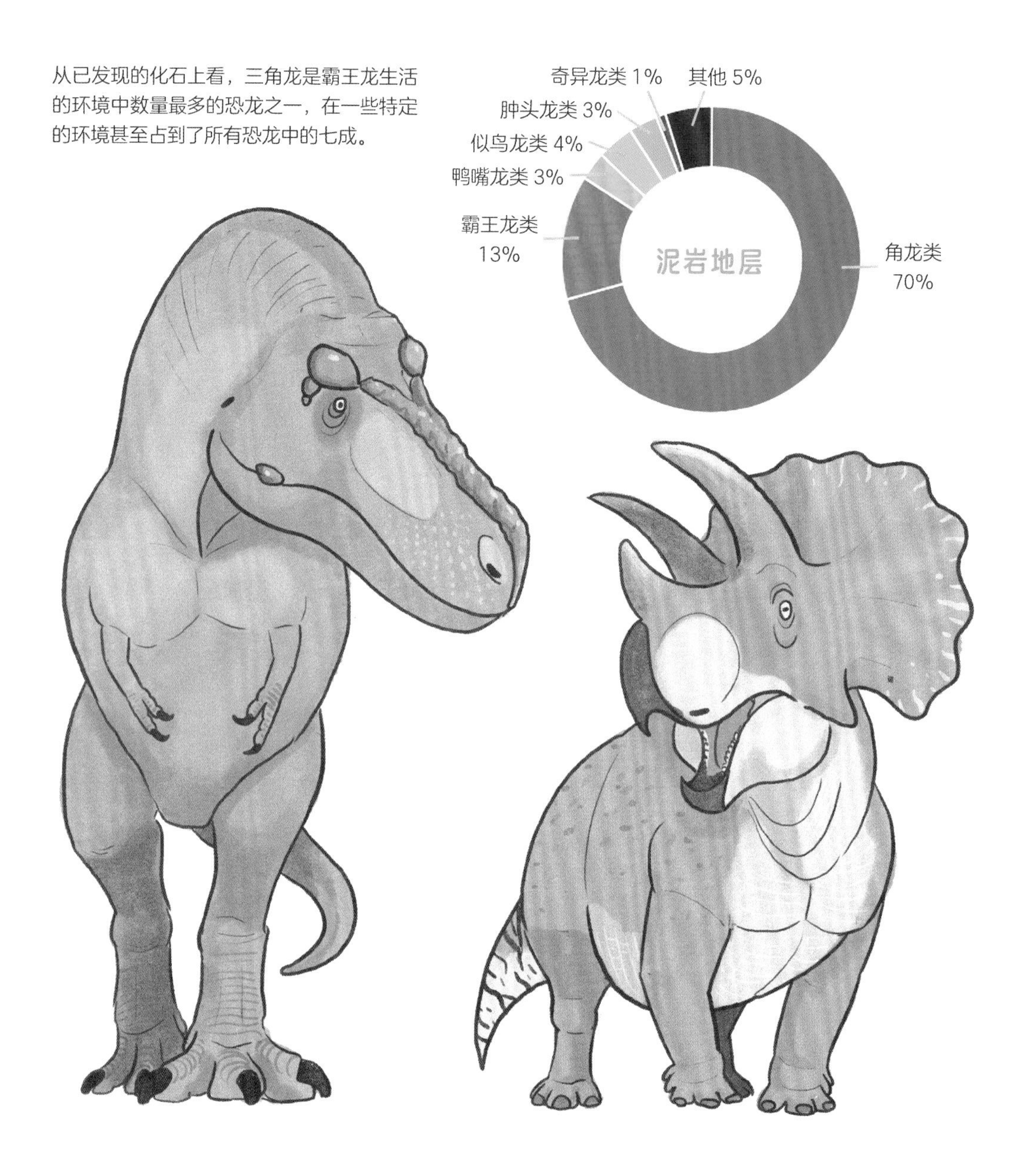

霸王龙吃龙颈肉需要几步？

捕获猎物 >>> 咬断脑袋 >>> 纵享美味

在许多的电影和纪录片中，三角龙常常被塑造成霸王龙的宿敌。目前已掌握的化石证据显示，三角龙确实是霸王龙最喜爱的食物。2012 年，美国狄克逊博物馆中心的古生物学家德文 · 富勒对 1999—2011 年间挖掘到的 100 具三角龙化石进行观察，发现其中有 18 具残骸带有掠食者的牙印。这些牙印主要集中在三角龙的顶饰（颈盾），通过对咬痕的大小和宽度进行对比，专家们将施暴者锁定了霸王龙——当地唯一的大型肉食恐龙身上。

古生物学家发现，顶饰上除了牙齿穿刺留下的咬痕，还有平行的划痕。这些划痕最长者达 10 厘米，学者们推测这是霸王龙曾经在拉扯拖拽三角龙的头部。奇怪的是，三角龙的顶饰并没什么肉，为什么霸王龙会偏爱啃食这个部位呢？富勒大胆地猜想，霸王龙这一行为是因为贪食龙颈肉：三角龙的颈部肌肉发达，肉质紧实，对掠食者而言是个不能错过的部位。然而三角龙的顶饰又大又碍事，所以咬合力强劲的霸王龙索性一不做二不休，直接把三角龙的脑袋咬断，再慢慢享用肥美的绝味龙脖。

目前已知最大的霸王龙牙齿长达 30 厘米（包括齿根），是恐龙中最大的牙齿。霸王龙具有异型齿，其前上颌骨的牙齿呈凿状，排列紧密，尺寸较小；而上颌骨和下颌的牙齿巨大，仿佛一枚枚巨大的香蕉，可以咬碎猎物的骨头。

霸王龙的牙齿生长缓慢，更换一颗的时间需要 700 余天。

霸王龙的牙齿生前被嘴唇包裹着，可以在一定程度上保护牙齿。

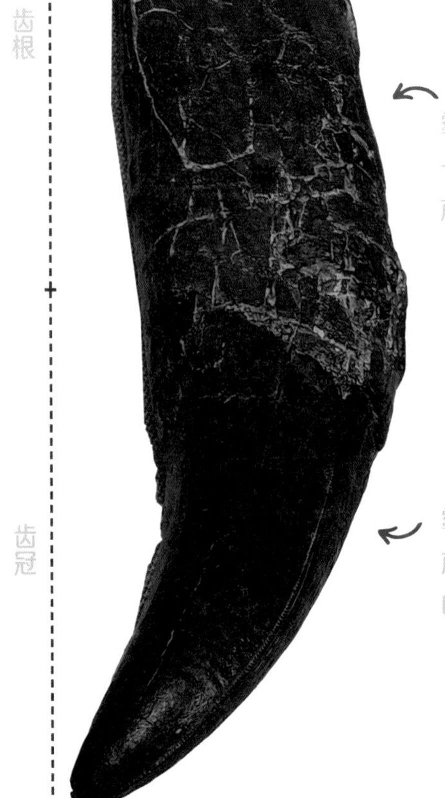

霸王龙的牙齿很大一部分是齿根，生前隐藏在牙槽之中。

霸王龙牙齿的前后缘有锋利的小锯齿。

长幼有别

尽管幼年和亚成年霸王龙的化石稀缺，但结合霸王龙科内其他成员的信息，古生物学家推测未成年的霸王龙长得和成年个体不大一样，它们的身材更苗条，脑袋狭长，腿脚细长，动作更灵活，速度也更快。和主打力量型的成年霸王龙相比，亚成年霸王龙走的是速度型猎手路线。这或许暗示不同年龄的霸王龙会选择不同的猎物，亚成年霸王龙更青睐体形更小、更快的猎物。

额顶窗

霸王龙脑袋顶部有一对由上颞孔形成的凹陷称为额顶窗，生前可能覆盖着血管网起到散热并调节大脑温度的作用。

听觉

通过研究霸王龙的内耳结构，古生物学家发现霸王龙对低频的声音更加敏感。加上缺乏类似鸟类的发声器官，科学家认为霸王龙并不会如电影中大声咆哮。还原出的声音接近低沉的咕咕声，类似鳄鱼在繁殖季节发出的声音。

视觉

虽然霸王龙的眼睛比例是兽脚类恐龙中最小的之一，但霸王龙双目朝前，可以形成约 60 度的视野重叠。重叠的视野产生双目立体视觉，可以帮助它们判断猎物的位置。

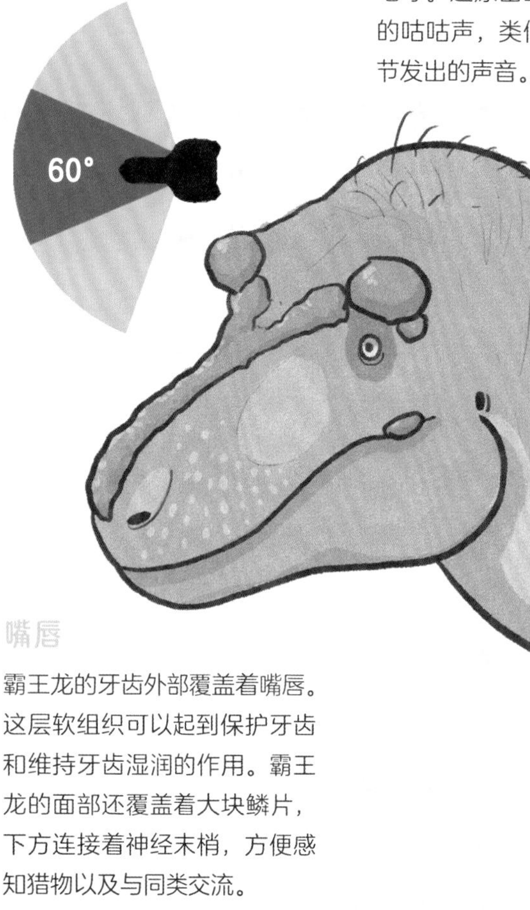

嘴唇

霸王龙的牙齿外部覆盖着嘴唇。这层软组织可以起到保护牙齿和维持牙齿湿润的作用。霸王龙的面部还覆盖着大块鳞片，下方连接着神经末梢，方便感知猎物以及与同类交流。

嗅觉

霸王龙大脑中嗅球的体积非常大，意味着霸王龙拥有发达的嗅觉，可以在很远的距离外嗅到猎物的气味。霸王龙可能是嗅觉最发达的恐龙之一。

舌骨

霸王龙的舌骨较短，与短吻鳄的舌骨类似，这暗示霸王龙可能没有灵活的舌头，舌头是固定在下颌底部。

鳞片还是羽毛?

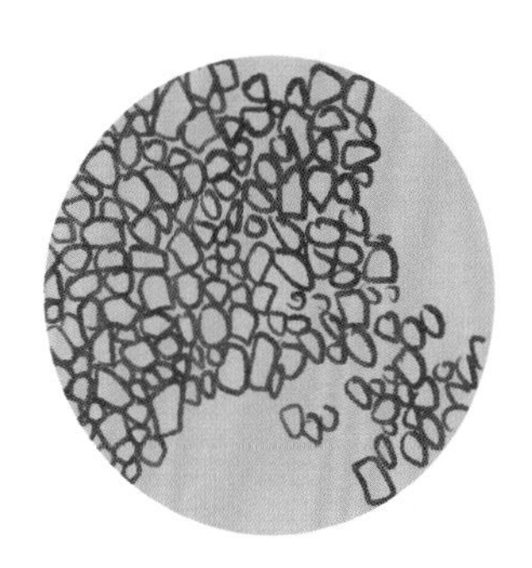

尽管在霸王龙超科中发现带羽毛的化石证据，但人们在一具被称为“Wyrex”的霸王龙颈部、臀部和尾巴上发现了不规则的鳞片印痕。结合霸王龙近亲身上的鳞片印痕，专家认为霸王龙身体的大部分覆盖着鳞片，即使有羽毛，可能也是稀疏地分布在霸王龙的背侧上部。

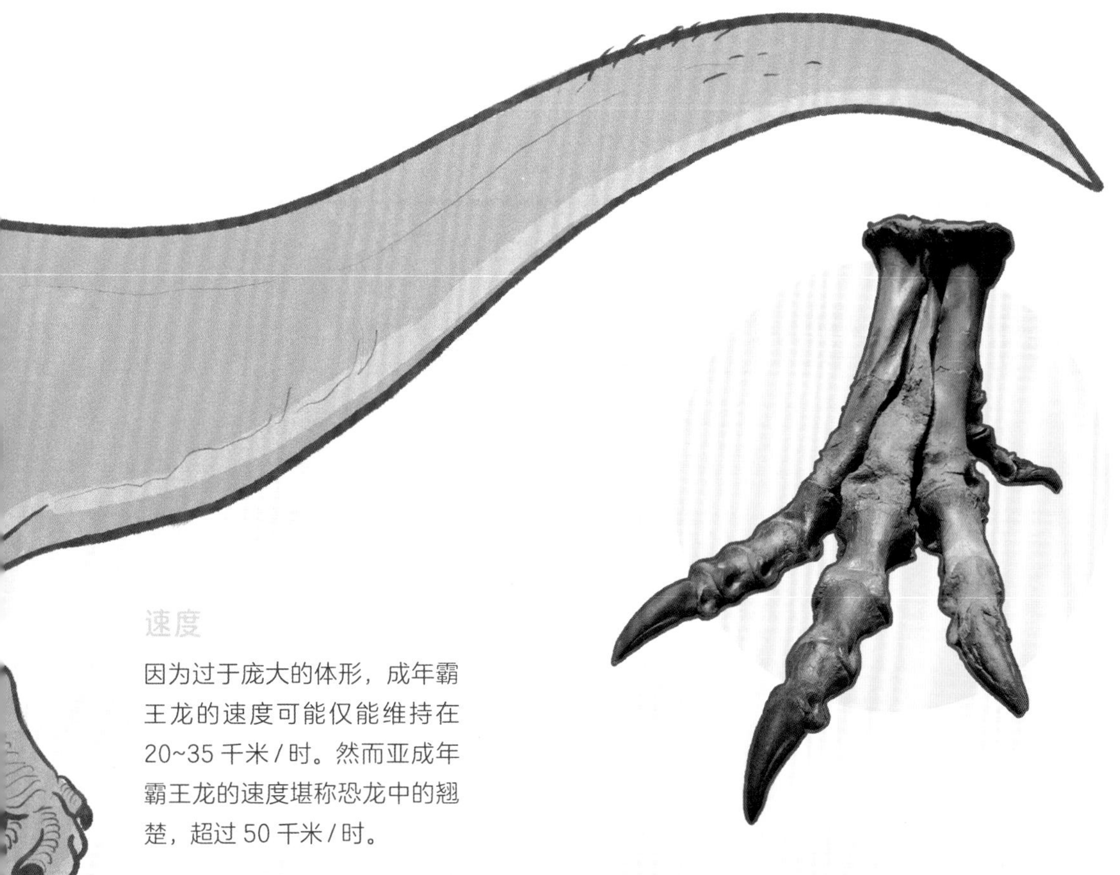

速度

因为过于庞大的体形，成年霸王龙的速度可能仅能维持在 20~35 千米 / 时。然而亚成年霸王龙的速度堪称恐龙中的翘楚，超过 50 千米 / 时。

小短手

霸王龙的小短手看似弱不禁风，其实这对小短手附着有发达的肌肉，或许可以在捕猎时固定猎物以及协助猎杀。

脚

霸王龙的脚有着 4 根脚趾，其中第一趾较小，另外三趾较大，末端都长有趾爪。霸王龙的第三跖骨被两侧的第二跖骨、第四跖骨挤压，形成夹跖结构，近端变细。这种结构可以增加踝部的稳定性，在运动中起到了“减震器”的作用。

有什么忌口吗？

荤素不拒的肿头龙

晚白垩世的肿头龙可谓是家喻户晓的恐龙明星，生活在北美洲的它们属于鸟臀目中的肿头龙科。在很多人的脑海里，肿头龙虽然练就凶悍的铁头功，但仍然是温顺的素食者。然而 2018 年，古生物学家却提出了新观点：肿头龙可能是一种荤素不拒的杂食恐龙。通过观察肿头龙的牙齿，我们可以发现肿头龙口腔后端的牙齿呈叶状，而吻部前端的牙齿却又长又利。学者们因此推测，肿头龙会用靠前的尖牙捕猎昆虫、小型哺乳类甚至小型恐龙等猎物，而后端的牙齿则用来啃食蕨类和草本植物。

肿头龙吻部前端的牙齿和后端的形态存在差异，可能指示多样的饮食习惯。
过去被认为是独立属的恐龙（如冥河龙和龙王龙），其实代表着另一种肿头龙，它们尚未发育成熟，且出产年代更晚。
清炒嫩叶
肉食杂碎小吃
凉拌蕨菜
草叶汁

尽管人类早在 19 世纪 50 年代就已经发现肿头龙的化石，但自发现之日起，肿头龙的身上就一直萦绕着许多谜团。学者们最初把它们厚实的脑袋误认成了犰狳的盔甲，后来又认为它们是伤齿龙科的一员。直到发现了相对完整的化石，我们还是对这个物种充满疑问：它们的脑袋是做什么用的？它们会头碰头施展“铁头功”吗？它们的尖牙是用来吃肉的吗？

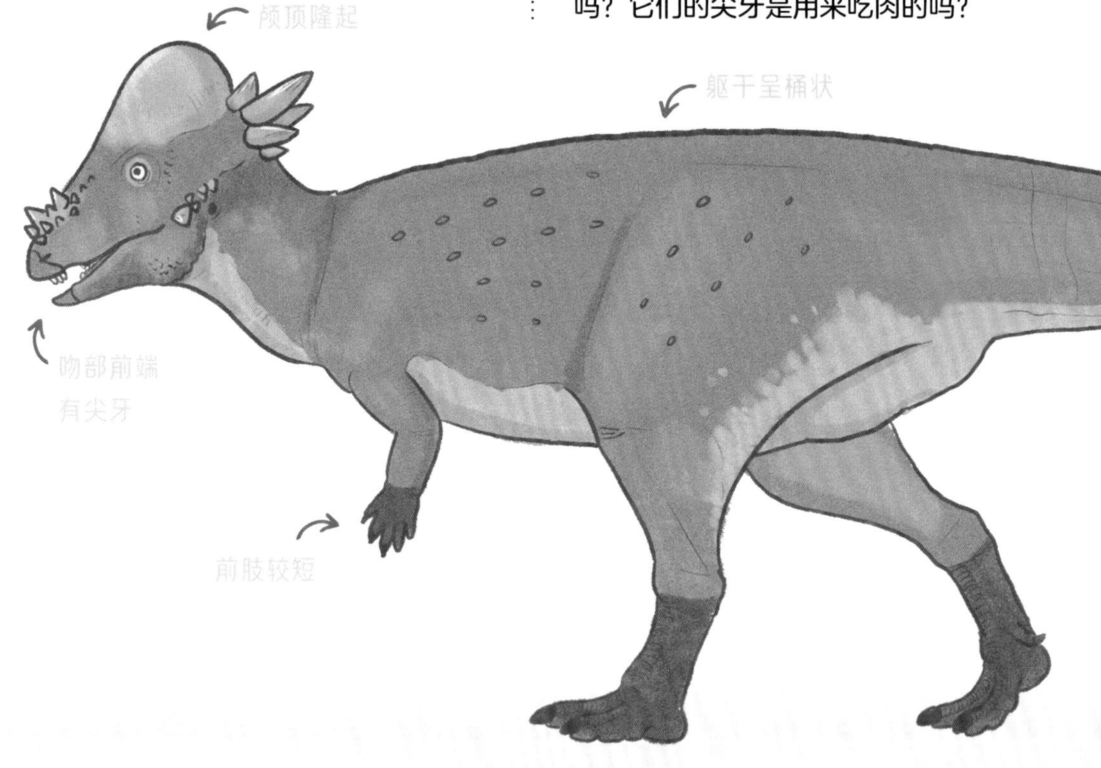

成长的奥秘

除了肿头龙，古生物学家还在同时代的北美洲西部发现了另外两种肿头龙科恐龙：龙王龙和冥河龙。其中龙王龙个头较小，脑袋平且具有许多尖刺；冥河龙个头中等，脑袋稍隆起，尖刺也不少；肿头龙体形最大，脑袋最“秃”，尖刺较少。这三种恐龙长相类似，又生活在同一片地区，因此有古生物学家认为它们其实都是肿头龙，只是代表了生长发育的不同阶段。随着研究的深入，学者们发现冥河龙的特征与肿头龙属的模式种——怀俄明肿头龙存在差异，且生存年代也比怀俄明肿头龙更晚，应被视为肿头龙属的一个新种（即多刺冥河龙）。

铁头功

肿头龙硬脑壳的作用一直饱受争议。起初，人们认为肿头龙的脑袋是繁殖季节用来碰撞的武器，就如今天的山羊或麝牛。后来有学者对此表示怀疑，认为肿头龙的脑袋顶端太过光滑，而且颈部弯曲，并不适合头对头撞击，它们更可能利用厚实的躯干来打斗。但 2013 年的研究却证明此观点是正确的：古生物学家在许多具肿头龙的头骨上发现了骨髓炎的痕迹，这是颅骨损伤感染的证据。不仅如此，学者们还在肿头龙头骨上发现了特殊的纤维骨板层，其中含有成纤维细胞，可以促进损伤的头骨愈合。各种证据都证明了肿头龙确实会用头攻击。

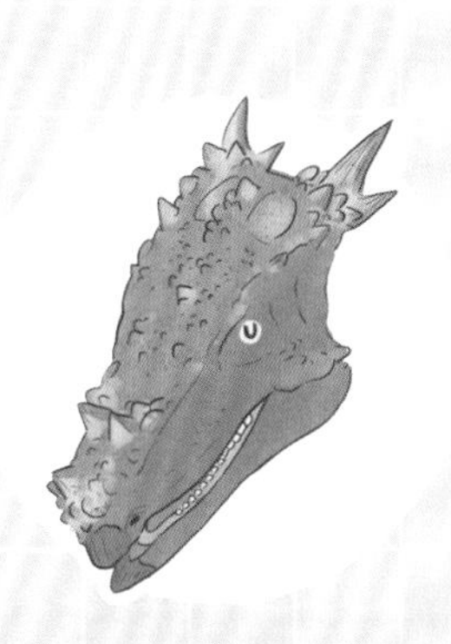

龙王龙

冥河龙

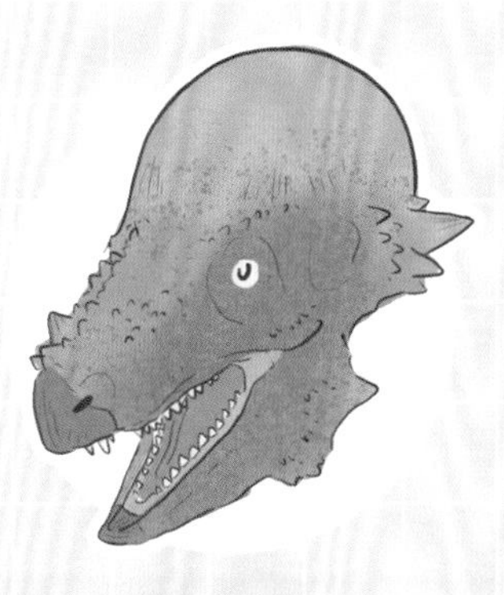

肿头龙

中英文名称对照表

阿尔瓦雷斯龙类	**Alvarezsauria**
阿拉摩龙	*Alamosaurus*
埃德蒙顿龙	*Edmontosaurus*
矮暴龙	*Nanotyrannus*
安氏原角龙	*Protoceratops andrewsi*
奥氏栉龙	*Saurolophus osborni*
巴山酋龙	*Datousaurus bashanensis*
巴威多鳍鱼	*Bawitius*
霸王龙	*Tyrannosaurus*
霸王龙科	**Tyrannosauridae**
白垩尖吻鲨	*Cretoxyrhina*
白垩鼠鲨	*Cretolamna*
暴盗龙类	**Tyrannoraptora**
北方盾龙	*Borealopelta*
波塞东龙	*Sauroposeidon*
波斯特鳄	*Postosuchus*
草原龙	*Savannasaurus*
叉龙	*Dicraeosaurus*
驰龙科	**Dromaeosauridae**
慈母龙	*Maiasaura*
粗喙船颌翼龙	*Scaphognathus crassirostris*
达斡尔龙	*Daurlong*
大鼻龙类	**Macronaria**
大盗龙类	**Megaraptora**
大凌河蜥	*Dalinghosaurus*
大椎龙	*Massospondylus*
大椎龙科	**Massospondylidae**
单爪龙	*Mononykus*
帝龙	*Dilong*
东北巨龙	*Dongbeititan*
斗蜥鳄	*Machimosaurus*
短冠龙	*Brachylophosaurus*
短颈潘龙	*Brachytrachelopan*
盾龙	*Kunbarrasaurus*
多刺甲龙	*Polacanthus*
多孔椎龙类	**Somphospondyli**
多智龙	*Tarchia*
俄里翁龙类	**Orionides**
恩奎巴龙	*Nqwebasaurus*
帆锯鳐	*Onchopristis*
帆翼龙	*Istiodactylus*
反鸟类	**Enantiornithes**
泛霸王龙类	**Pantyrannosauria**
副栉龙	*Parasaurolophus*
高棘龙	*Acrocanthosaurus*
古老翼手龙	*Pterodactylus antiquus*
顾氏小盗龙	*Microraptor gui*
冠龙	*Guanlong*
哈尔克鳞鳄	*Hulkepholis*
哈兹卡盗龙	*Halszkaraptor*
海王龙	*Tylosaurus*
鹤鸵盔龙	*Corythosaurus casuarius*
后凹尾龙	*Opisthocoelicaudia*
华夏颌龙	*Huaxiagnathus*
怀特甲龙	*Vectipelta*

黄昏鳄	*Hesperosuchus*
吉兰泰龙	*Chilantaisaurus*
吉氏南翼龙	*Pterodaustro guinazui*
吉氏鱼	*Gillicus*
棘龙	*Spinosaurus*
加斯顿龙	*Gastonia*
甲龙类	**Ankylosauria**
假鳄类	**Pseudosuchia**
尖颞龟	*Apertotemporalis*
坚尾龙类	**Tetanurae**
简手龙	*Haplocheirus*
建设气龙	*Gasosaurus constructus*
剑龙	*Stegosaurus*
剑龙类	**Stegosauria**
剑射鱼	*Xiphactinus*
角鼻龙类	**Ceratosauria**
角龙类	**Ceratopsia**
角足龙类	**Cerapoda**
近鸟龙	*Anchiornis*
巨齿龙	*Megalosaurus*
巨殁龙	*Megapnosaurus*
巨原栉龙	*Prosaurolophus maximus*
巨鱵嘴鱼	*Belonostomus*
卡岩塔巨殁龙	*Megapnosaurus kayentakatae*
孔子鸟	*Confuciusornis*
恐龙总目	**Dinosauria**
恐手龙	*Deinocheirus*
恐手龙科	**Deinocheiridae**
恐爪龙	*Deinonychus*
盔龙	*Corythosaurus*
狼鳍鱼	*Lycoptera*
劳氏灵龙	*Agilisaurus louderbacki*
棱齿龙	*Hypsilophodon*
李氏蜀龙	*Shunosaurus lii*
里里恩龙	*Liliensternus*
镰刀龙	*Therizinosaurus*
链鳄	*Desmatosuchus*
梁龙	*Diplodocus*
辽宁龙	*Liaoningosaurus*
临河爪龙	*Linhenykus*
鳞齿鱼	*Lepidotes*
鳞龙类	**Lepidosauria**
伶盗龙	*Velociraptor*
灵鳄	*Effigia*
灵龙	*Agilisaurus*
龙王龙	*Dracorex*
禄丰龙	*Lufengosaurus*
马门溪龙	*Mamenchisaurus*
玛君龙	*Majungasaurus*
蛮龙	*Torvosaurus*
曼氏申斯蒂鱼	*Scheenstia mantelli*
曼特尔龙	*Mantellisaurus*
美颌龙	**Compsognathus**
美颌龙科	**Compsognathidae**
蒙古伶盗龙	*Velociraptor mongoliensis*
蒙古耐梅盖特龙	*Nemegtosaurus mongoliensis*

蒙古鹦鹉嘴龙	*Psittacosaurus mongoliensis*
迷惑龙	*Apatosaurus*
明氏喙嘴龙	*Rhamphorhynchus muensteri*
冥河龙	*Stygimoloch*
莫森氏鱼	*Mawsonia*
南方盗龙	*Austroraptor*
南方猎龙	*Australovenator*
难逃泥潭龙	*Limusaurus inextricabilis*
尼奥布拉拉龙	*Niobrarasaurus*
尼日尔龙	*Nigersaurus*
泥潭龙	**Limusaurus**
鸟脚类	**Ornithopoda**
鸟颈类	**Ornithodira**
鸟臀目	**Ornithischia**
鸟吻类	**Averostra**
盘古盗龙	*Panguraptor*
破碎龙	*Claosaurus*
前目鳄	*Anteophthalmosuchus*
腔骨龙	*Coelophysis*
腔骨龙超科	**Coelophysoidea**
腔骨龙科	**Coelophysidae**
窃蛋龙科	**Oviraptoridae**
禽龙	*Iguanodon*
禽龙类	**Iguanodontia**
秋扒爪龙	*Qiupanykus*
三角龙	*Triceratops*
莎拉龙	*Sarahsaurus*
鲨齿龙科	**Carcharodontosauridae**
神龙翼龙科	**Azhdarchidae**
始暴龙	*Eotyrannus*
始俊兽	*Eobaatar*
始祖鸟	*Archaeopteryx*
似鸡龙	*Gallimimus*
似鸟龙	*Ornithomimus*
似鸟龙科	**Ornithomimidae**
似鸟龙下目	**Ornithomimosauria**
似提姆龙	*Timimus*
似鹈鹕龙	*Pelecanimimus*
似鸵龙	*Struthiomimus*
兽脚类	**Theropoda**
双嵴龙	*Dilophosaurus*
斯氏侏罗猎龙	*Juravenator starki*
死神龙	*Erlikosaurus*
苏牟龙	*Shuvosaurus*
泰坦巨龙类	**Titanosauria**
特暴龙	*Tarbosaurus*
特提斯鸭龙	*Tethyshadros*
天府峨眉龙	*Omeisaurus tianfuensis*
头饰龙类	**Marginocephalia**
腕龙	*Brachiosaurus*
腕龙科	**Brachiosauridae**
尾羽龙	*Caudipteryx*
沃氏古神翼龙	*Tapejara wellnhoferi*
乌克提纳翼龙	*Uktenadactylus*
五彩冠龙	*Guanlong wucaii*
蜥脚形类	**Sauropodomorpha**

蜥类 **Sauria**
蜥鸟盗龙 *Saurornitholestes*
蜥臀目 **Saurischia**
小盗龙 *Microraptor*
新疆巨龙 *Xinjiangtitan*
新角齿鱼 *Neoceratodus*
新猎龙 *Neovenator*
新兽脚类 *Neotheropoda*
雪松龙 *Cedarosaurus*
鸭嘴龙科 **Hadrosauridae**
雅尔贼兽 *Yaverlestes*
岩壁盗龙 *Murusraptor*
杨氏马门溪龙 *Mamenchisaurus youngi*
伊莎贝瑞龙 *Isaberrysaura*
伊希斯龙 *Isisaurus*
异特龙 *Allosaurus*
异特龙科 **Allosauridae**
翼龙类 **Pterosauria**
因陀罗蜥 *Indrasaurus*
因袭龙 *Inawentu*
鹦鹉嘴龙 *Psittacosaurus*
永川龙 *Yangchuanosaurus*
泳猎龙 *Natovenator*
犹他盗龙 *Utahraptor*
羽王龙 *Yutyrannus*
原角鼻龙科 **Proceratosauridae**
原角龙 *Protoceratops*
原美颌龙 *Procompsognathus*
圆顶龙 *Camarasaurus*
杂肋龙 *Poekilopleuron*
葬火龙 *Citipati*
张和兽 *Zhangheotherium*
长颈巨龙 *Giraffatitan*
长梁龙 *Diplodocus longus*
长锁龙 *Leptocleidus*
长头板龙 *Plateosaurus longiceps*
沼泽龙 *Telmatosaurus*
真霸王龙类 **Eutyrannosauria**
栉龙 *Saurolophus*
中国龙 *Sinosaurus*
中国鸟龙 *Sinornithosaurus*
中华俊兽 *Sinobaatar*
中华丽羽龙 *Sinocalliopteryx*
中华龙鸟 *Sinosauropteryx*
肿头龙 *Pachycephalosaurus*
肿头龙类 **Pachycephalosauria**
重爪龙 *Baryonyx*
侏罗猎龙 *Juravenator*
主龙类 **Archosauria**
装甲类 **Thyreophora**
自贡四川龙 *Szechuanosaurus zigongensis*

参考文献

[1] 麦克 · J. 本顿 . 古脊椎动物学 [M]. 4 版 . 董为，译 . 北京 : 科学出版社，2017.

[2] 朝日新闻出版 . 46 亿年的奇迹：地球简史丛书 [M]. 曹艺，牛莹莹，李波，等译 . 北京 : 人民文学出版社，2020.

[3] 达伦 · 奈什 . 恐龙研究指南 [M]. 牛长泰，译 . 北京 : 中国友谊出版公司，2022.

[4] 路易斯 · M. 恰佩 . 古鸟：恐龙时代的中国古鸟类 [M]. 孟庆金，译 . 北京 : 化学工业出版社，2018.

[5] 史蒂夫 · 怀特 . 恐龙艺术：世界顶级大师的恐龙世界 [M]. 江泓，张洋，译 . 北京：人民邮电出版社，2014.

[6] 金渡润 . 恐龙帝国：漫画生命进化史 [M]. 李奉熹，译 . 北京 : 接力出版社，2021.

[7] 迈克尔 · 本顿 . 恐龙复活 : 与科学家探秘失落的世界 [M]. 邢立达，朱天乐，译 . 武汉 : 华中科技大学出版社，2020.

[8] 赵闯，杨杨 . PNSO 儿童恐龙百科 [M]. 济南 : 山东画报出版社，2021.

[9] 舒柯文，王原，楚步澜 . 征程：从鱼到人的生命之旅 [M]. 北京 : 科学普及出版社，2017.

[10] 董枝明，邢立达 . 龙鸟大传：恐龙与古鸟的浪漫传奇史 [M]. 北京 : 航空工业出版社，2010.

[11] 邢立达， 杨鹤林 . 海龙大传 [M]. 北京 : 航空工业出版社，2010.

[12] 邢立达 . 翼龙大传 [M]. 北京 : 航空工业出版社，2011.

[13] 邢立达 . 探索史前的奥秘 [M]. 北京 : 航空工业出版社，2010.

[14] 邢立达 . 恐龙足迹 : 追寻亿万年前的神秘印记 [M]. 上海 : 上海科技教育出版社，2010.

[15] 邢立达 . 中国恐龙博物馆 [M]. 北京 : 中信出版集团，2021.

[16] 格雷戈里 · S. 保罗 . 普林斯顿恐龙大图鉴 [M]. 邢立达，译 . 长沙 : 湖南科学技术出版社，2015.

[17] 鲁本 · 莫利纳 – 佩雷斯，阿西尔 · 拉腊门迪，安德烈 · 瓦图金，等 . 恐龙全书：兽脚恐龙百科图鉴 [M]. 邢立达，陈语，译 . 北京 : 科学技术文献出版社，2021.

[18] 布赖恩 · 斯威特克 . 我心爱的雷龙 [M]. 邢立达，李锐媛，译 . 北京 : 人民邮电出版社，2016.

[19] 汉娜 · 邦纳 . 那时候鱼儿还有脚，鲨鱼刚长牙，虫子到处爬 [M]. 陈雅茜，译 . 北京 : 北京联合出版公司，2016.

[20] 汉娜 · 邦纳 . 那时候恐龙开始茁壮，哺乳类东躲西藏，翼龙展翅飞翔 [M]. 涂可欣，译 . 北京 : 北京联合出版公司，2016.

[21] 汉娜 · 邦纳 . 那时候恐龙吃什么？ [M]. 洪翠薇，译 . 北京 : 北京联合出版公司，2019.

[22] 川崎悟司 . 跟动物交换身体 [M]. 董方，译 . 长沙 : 湖南文艺出版社，2021.

[23] 川崎悟司 . 跟动物交换身体 2 [M]. 董方，译 . 长沙 : 湖南文艺出版社，2022.

[24] 川崎悟司 . 我祖上的怪亲戚 [M]. 吴勐，译 . 福州 : 海峡书局，2021.

[25] TOM PARKER. Saurian-A Field Guide to Hell Creek[M]. Minneapolis: Titan Books, 2021.

[26] STEVE WHITE, DARREN NAISH. Mesozoic Art: Dinosaurs and Other Ancient Animals in Art[M]. London:Bloomsbury Wildlife, 2022. London: Thames & Hudson, 2021.

[27] MICHAEL J. BENTON/BOB NICHOLLS. Dinosaurs: New Visions of a Lost World[M]. London: Thames & Hudson, 2021.

[28] MICHAEL J. EVERHART. Oceans of Kansas: A Natural History of the Western Interior Sea (Life of the Past)[M]. Bloomington: Indiana University Press, 2021.

[29] DEAN R. LOMAX, ROBERT NICHOLLS. Locked in Time: Animal Behavior Unearthed in 50 Extraordinary Fossils[M]. New York: Columbia University Press, 2021.

[30] JOHN FOSTER, DALE A. RUSSELL. Jurassic West The Dinosaurs of the Morrison Formation and Their World[M]. Bloomington: Indiana University Press, 2020.

致谢

想要创作出一本好玩的科普作品并不容易，《史前生物你吃啥：恐龙时代的美食盛宴》能够顺利出版离不开各位亲友的帮助：感谢秦子川老师对本书进行专业审读；感谢邢立达和钮科程等老师在专业知识和化石资料上提供的支持；感谢李文瑶主编和梁蕾编辑在本书出版期间付出的努力，感谢杨哲和小丁老师精致的设计；感谢神棘、章浩臻、薛文、叶健豪、王一凡、韩志信、陈耀、雎鸠九毛九、长洲沈子等各位朋友在创作时，尤其是在绘画技巧上提供的建议和帮助。感谢我的父母、亲友给予的鼓励。特别感谢彭女士在创作期间给予的关心和照顾。感谢所有默默支持的读者，没有你们就没有这本书的诞生。